住房和城乡建设领域"十四五"热点培训教材

建筑施工行业从业人员
健康管理与医疗急救

Health Management and Medical First Aid for Construction Industry Workers

贾　筱　王中女　主　编

魏德胜　董亚兴　余志红　副主编

中国建筑工业出版社

图书在版编目（CIP）数据

建筑施工行业从业人员健康管理与医疗急救 =
Health Management and Medical First Aid for
Construction Industry Workers / 贾筱，王中女主编；
魏德胜，董亚兴，余志红副主编. -- 北京：中国建筑工
业出版社，2025.4. --（住房和城乡建设领域"十四五
"热点培训教材）. -- ISBN 978-7-112-30998-6

Ⅰ. TU714；R459.7
中国国家版本馆CIP数据核字第2025C0D278号

  《建筑施工行业从业人员健康管理与医疗急救》一书共分为四个部分。第一部分为建筑施工行业概况与医疗卫生常识，第二部分为建筑施工行业从业人员健康管理，第三部分为建筑施工行业从业人员医疗急救，第四部分为建筑施工行业职业健康与应急管理要求。希望通过本书的出版和推广，能够有助于提高建筑施工行业从业人员的健康意识和自我保护能力，减少安全事故和突发公共卫生事件对施工人员的影响，促进建筑施工行业的健康可持续发展。

责任编辑：葛又畅
责任校对：姜小莲

住房和城乡建设领域"十四五"热点培训教材
建筑施工行业从业人员健康管理与医疗急救
Health Management and Medical First Aid for Construction Industry Workers
贾 筱 王中女 主 编
魏德胜 董亚兴 余志红 副主编
*
中国建筑工业出版社出版、发行（北京海淀三里河路9号）
各地新华书店、建筑书店经销
北京锋尚制版有限公司制版
临西县阅读时光印刷有限公司印刷
*
开本：787毫米×1092毫米 1/16 印张：14½ 字数：291千字
2025年6月第一版 2025年6月第一次印刷
定价：**145.00**元
ISBN 978-7-112-30998-6
（44687）

编　委　会

前　言

　　建筑施工行业从业人员是推进城市化建设的重要组成部分，是创造社会财富的中坚力量，为中国特色社会主义现代化做出了不可磨灭的贡献。建筑施工行业从业人员健康管理与医疗急救工作是保障工人福祉的关键环节。由于建筑工地的特殊环境，工人面临着诸多健康风险，如尘肺病、皮肤病、噪声污染等。此外，施工现场可能出现的应急事故更加凸显了从业人员进行自救和专业急救的必要性和重要性。加强建筑施工行业从业人员的健康管理与医疗急救，是保障工程顺利进行和维护工人权益的有效措施。

　　《建筑施工行业从业人员健康管理与医疗急救》（以下简称本书）一书共分为四个部分，旨在构建一个全面系统的知识体系，为建筑施工行业从业人员的身心健康保驾护航。第一部分为建筑施工行业概况与医疗卫生常识，通过对建筑施工行业从业人员健康管理与医疗急救的总体概述以及人体构造与生理卫生基础知识等内容的介绍，为从业人员学习和了解相关知识打下坚实基础。第二部分为建筑施工行业从业人员健康管理，深入剖析了建筑施工行业中从业人员面临的职业病、心理健康问题和传染病等健康挑战，并提供了科学的预防与处理策略。第三部分为建筑施工行业从业人员医疗急救，介绍了行业事故及伤害类型、院前急救基础以及常用急救操作，有助于从业人员掌握如何在紧急情况下迅速有效地实施救援，降低伤害程度。第四部分为建筑施工行业职业健康与应急管理要求，着眼于构建长效的健康管理机制与应急响应体系，包括日常健康倡导与急救常识以及建筑施工行业健康文化与应急管理要求，旨在鼓励从业人员养成良好的生活习惯，提高自我保护能力，同时探讨如何在建筑施工行业内营造健康文化，建立健全应急管理体系，确保在突发事件面前能够迅速、有序地应对。

本书不仅深入研究了建筑施工行业从业人员的健康管理与医疗急救的相关理论，还广泛收集了实际案例和数据，对各项措施和急救技能的有效性和可行性进行了验证，通过案例分析，可以更为直观地了解建筑施工行业从业人员的健康问题和急救需求，为制定更加科学、合理的健康管理与医疗急救方案提供有力支持。建筑施工行业从业人员的健康管理与医疗急救是一项长期而艰巨的任务，希望通过本书的出版和推广，能够有助于提高建筑施工行业从业人员的健康意识和自我保护能力，减少安全事故和突发公共卫生事件对施工人员的影响，促进建筑施工行业的健康可持续发展。

目　录

第一部分
建筑施工行业概况与医疗卫生常识

第一章　建筑施工行业从业人员健康管理与医疗急救概述

导学

　　建筑业在我国国民经济中扮演着不可或缺的角色。其中，建筑施工行业是指工程建设实施阶段的生产活动，是建筑业的重要组成部分，其项目工况复杂、人员流动性强、环境多变，因而保障建筑施工人员的健康至关重要。本章主要分析建筑施工行业的总体情况，概括性介绍从业人员健康管理与医疗急救有关内容，为建筑施工行业从业人员日常健康管理和应急救援工作提供基础方案。

第一节　建筑施工行业从业人员职业健康概述

　　建筑业是一个规模庞大的产业体系。建筑施工行业作为其重要组成部分，其产业链包括设计、施工、材料供应、装备制造、工程监理、房地产开发等多个环节，与国家的城市化、工业化、基础设施建设等密切相关。建筑施工行业从业人员有必要首先了解行业的内涵和特征。在此基础上，深化从业人员对于健康管理与医疗急救的重要性认知，做到从源头加强保障。

一、建筑施工行业的内涵与特征

　　广义上的"建筑业"涵盖与建筑生产相关的所有服务内容[①]，其关联度高、产业链长、就业面广。改革开放以来，我国建筑业在国民经济中的地位和作用显著增强。特别是在城镇化发展过程中，建筑业对城市经济的发展产生的影响极为重要。建筑施工

[①]　尚春明，方东平. 中国建筑职业安全健康理论与实践［M］. 北京：中国建筑工业出版社，2007：1.

行业是建筑业的重要组成部分，根据工程设计图纸和施工方案，利用施工设备和人力物力，进行土木工程、建筑工程、市政工程等工程的实施。建设施工行业具有自身明显特征，主要包括以下几个方面：

（一）组织协调性强

建筑施工项目通常涉及大量的资金、人力和物力投入，施工周期长，且施工过程中需要处理各种复杂的技术和管理问题。从基础开挖到主体结构施工，再到装饰装修，每一个环节都需要精心策划和执行。不同的工程类型、不同的地点、不同的环境条件都会产生施工过程中的复杂性。例如，在山区开展施工时，可能面临着地质条件复杂、交通不便气候条件变化大等问题；而在城市中进行施工时，可能需要面对市政设施的迁移、交通管制、周围环境保护等方面的挑战。此外，工程本身的复杂性也是不可忽视的因素，比如大型桥梁、隧道、高层建筑等工程类型，都会对施工过程提出更高的要求。因而，建筑施工行业表现出显著的组织协调性，需要通过一系列协调工作保障施工平稳有序进行。

（二）安全要求严格

建筑施工过程具有动态性、复杂性、人员流动性等特点，这直接导致建筑施工过程中可能存在多样化隐患。首先，不同的建筑工程项目面临的施工环境、工作要求、事故风险等不同，同一项目在不同阶段风险也不尽相同[①]；其次，建筑工人分散在施工现场的各个地点，施工现场的高空作业、大型机械的操作、危险化学品的使用等都潜藏着不同隐患。这都时刻提醒施工人员有必要加强自身安全意识，自觉遵循施工现场有关规定。

（三）环境交互显著

建筑施工过程受自然环境和社会环境的影响较大。恶劣的天气条件、地质条件、交通状况等都可能对施工进度和质量产生影响。比如，春季雨水较多，土壤湿度的提升不利于建筑工程的开展；夏季高温会对施工人员的身体健康带来挑战，对施工材料的性能亦会产生影响，从而影响施工进度；秋季常有大风天气，对建筑物会造成一定威胁，落叶也存在堵塞排水系统的可能性，造成排水不畅；社会环境的变化，如政策调整、市场波动等，也是影响建筑施工项目的重要因素。此外，施工活动会对周边环境造成一定影响，如扬尘、噪声、污水排放等，因此需要采取一系列的环保措施，减少对周边环境的负面作用。

---

① 尚春明，方东平. 中国建筑职业安全健康理论与实践［M］. 北京：中国建筑工业出版社，2007：6.

（四）技术迭代升级

近年来，建筑业技术迭代升级速度加快，体现在设计与规划技术的先进性、施工技术与工艺的多样性等方面。在设计与规划方面，利用BIM（建筑信息模型）技术，创建3D模型等，成为较为普遍的现象，有效实现了设计、施工、运维等全生命周期数字化管理。BIM技术提高了设计效率，减少了设计冲突和错误，使得施工过程更加精准和高效。在施工技术和工艺方面，装配式建筑、绿色施工技术和新型材料发挥了重要作用。装配式建筑通过在工厂内预先制作建筑构件，运输到施工现场进行组装，大幅缩短了施工周期，提高了施工效率和质量。绿色施工技术采用环保材料、节能设备和技术手段，减少能源消耗和环境污染，实现建筑施工的可持续发展。新型材料与技术，如高性能混凝土、自密实混凝土等新型混凝土技术的应用，提高了建筑物的强度和耐久性。同时，3D打印技术在建筑领域的应用也展现出巨大的潜力。

（五）协同要求明显

建筑施工现场是一个多工种、多专业交叉作业的复杂环境。电工、水泥工、钢筋工、焊工等各专业工种需要紧密配合，确保施工进度的顺利进行。此外，施工单位需要与设计单位、监理单位、业主代表等进行有效沟通和协调，共同解决施工过程中遇到的问题，保障工程进度和质量。总的来说，施工现场涉及的人员众多、工种繁多，需要进行有效的人员管理和协调，确保每个环节都有序进行。

二、建筑施工行业健康管理与医疗急救必要性分析

保障广大建筑施工从业人员身心健康是党和国家的重要工作。其中，从业人员建立职业健康意识，形成健康管理与急救知识，能够从源头上减少由于主观认识不足或操作不当而产生的一系列隐患问题，从而尽可能规避事故的发生。在我国，建筑事故的主要类型和成因如图1-1所示。

建筑施工行业从业人员健康管理与医疗急救工作对于保障从业人员生命财产安全具有重要意义。受安全意识、施工环境和作业特点等多方面条件的影响，保障从业人员职业健康任务较为突出。建筑施工因具有作业流动性大、露天作业多、产品体积大、形式多样、施工周期长、劳动强度大和作业人员更换频繁等特点，可能会出现高处坠落、物体打击、触电事故、机械伤害、坍塌事故等（图1-2）。此外，随着工业化快速发展，职业病等现象也日益明显。因此，针对建筑施工环节，更应该突出对从业人员健康管理与医疗急救工作的培训工作。

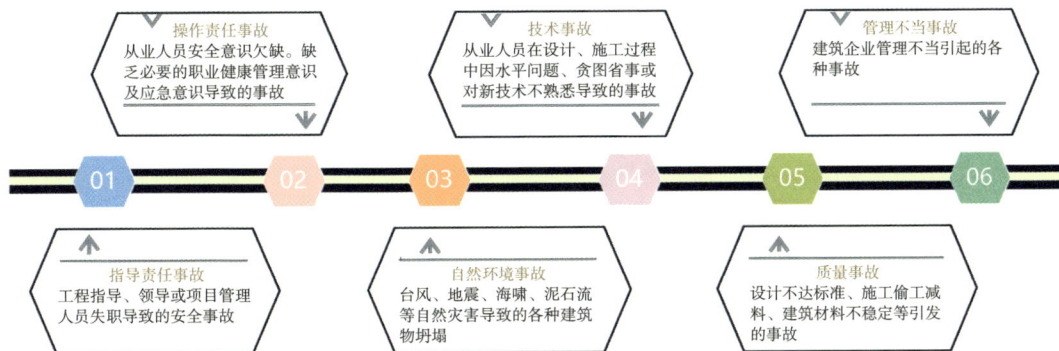

图1-1　我国建筑事故分类及成因分析

操作责任事故
从业人员安全意识欠缺。缺乏必要的职业健康管理意识及应急意识导致的事故

技术事故
从业人员在设计、施工过程中因水平问题、贪图省事或对新技术不熟悉导致的事故

管理不当事故
建筑企业管理不当引起的各种事故

指导责任事故
工程指导、领导或项目管理人员失职导致的安全事故

自然环境事故
台风、地震、海啸、泥石流等自然灾害导致的各种建筑物坍塌

质量事故
设计不达标准、施工偷工减料、建筑材料不稳定等引发的事故

机械伤害　高处坠落　触电事故　物体打击　坍塌事故

图1-2　建筑施工行业事故类型前五位

三、建筑施工行业健康管理与医疗急救体系构建

建筑施工行业健康管理与医疗急救体系构建是一项系统工作，不仅需要在思路上明确原则、目标和方法，还需要遵循一整套法律法规等。此外，在具体实施过程中，需要明确各方责任、进行教育培训、做好监管调查和处理等，如图1-3所示。

（一）原则、目标与方法

健康管理与医疗急救体系的构建应当以"预防为主"和"防治结合"为原则。"预防为主"包括了对事故的预防和对职业危害的预防。施工现场事故虽然存在一定突发性和偶然性，但通过现代科学的管理技术，预测并排查危险因素，在此基础上对从业人员进行培训，能够有效规避这些风险。"防治结合"以满足从业人员健康需求为导向，通过预防服务与治疗服务的有效衔接、相互协同，最大限度地减少健康问题的发生，达到维护和改善健康的目的。

健康管理与医疗急救体系的目标应当根据施工单位具体情况设置，通过文件的形式建立并保持。目标应当切实可行，并予以量化。在设置目标时，应当考虑相关法律法规的规定、危险源、急救条件、可供选择的技术方案、组织财务、运行以及经营要求，在综合各方面意见的基础之上制定合理的职业健康和医疗急救目标。此外，构建健康管理与医疗急救体系应当遵循科学的方法。具体工作方法应涵盖前期的策划、中期的体系实施和运行以及后期的管理评审、检查和纠正等相关措施。

（二）法律法规体系

建筑施工行业的相关法律法规具备一定程度上的完整性。目前公布的有关建筑施工的各项法律法规已经构成了一套比较系统的实施框架。在设备配备上，《建筑施工企业安全生产许可证管理规定》中规定了建筑施工活动防护用具、设备的配备以及职业危害防治、应急救援预案等方面的具体条件，企业在开展施工活动前应当具备相应资质。在从业人员培训上，《中华人民共和国建筑法》（以下简称《建筑法》）规定，生产经营单位应当建立相应的机制，加强监督考核，防止伤亡和其他安全生产事故的发生。此外，施工单位还应根据实际需要，对不同岗位、不同工种的人员进行因人施教。

在危险源管控上，《建筑法》中明确规定，建筑施工企业应当采取控制和处理施工现场的各种粉尘、废气、废水、固体废物以及噪声、振动对环境的污染和危害的措施。《建设工程安全生产管理条例》（以下简称《条例》）进一步规定，施工单位应当根据不同施工阶段和周围环境及季节、气候的变化，在施工现场采取相应的安全施工措施。施工现场暂时停止施工的，施工单位应当做好现场防护。《条例》还进一步对施工现场的卫生安全、防护用具、机械设备等诸多方面做出了明确规定。

（三）明确主体责任

企业：企业负责人应积极组织并推动建立健全与本单位相适配的健康管理与医疗急救机构，配备相关专业人员。按照有关规定组织开展监督检查、安全隐患排查整治、宣传教育和培训工作，定期组织召开健康管理与医疗急救工作会议。组织制定安全事故应急预案并定期演练。遇到突发事件时，应按规定程序及时上报，根据事故级别和危害程度赶赴现场、组织抢救、保护现场、做好善后工作。

企业分管人员：负责单位健康管理与医疗急救综合监督管理工作，协助企业负责人督促落实相关责任；监督检查本单位安全生产标准化工作和隐患排查整治工作；监督检查本单位各部门负责人、管理人员和从业人员的职业健康与医疗急救的宣传教育和安全培训工作；督促做好作业场所的劳动保护工作，预防和消除职业危害；对本企业违反健康管理与医疗急救管理制度的行为启动内部责任追究程序等。

施工技术负责人：施工技术负责人应当熟悉健康管理与医疗急救有关管理规定和安全技术操作规程，参加编制和审批施工组织设计、专项施工方案；负责新工艺、新技术、新材料的使用、实施过程中的安全性，提出预防措施；对重大项目负责组织安全技术交底工作；参与重大安全事故调查，分析原因，制定防范措施，并检查措施的落实。

项目负责人：结合项目特点，制定和执行有针对性的施工从业人员职业健康与医疗急救管理办法，严格执行相关安全施工考核指标和奖惩办法；严格执行专项施工方案和安全技术措施的审批制度，并在工程施工作业前，按批准的专项施工方案或措施的要求，向有关管理人员及施工作业班组进行交底以及协调管理现场等。

专职管理人员：做好关于建筑施工从业人员的健康管理、医疗急救的宣传、教育、监督、检查工作；参与制定、修改有关管理制度和安全专项施工方案及安全技术措施的编制和审核工作，并检查执行情况；进行现场监督检查，制止违章指挥和违章作业等。

作业队长：向本工种作业人员进行安全技术交底，严格执行本工种安全技术操作规程，拒绝违章指挥；组织实施安全技术措施；作业前应对本次作业所使用的机具、设备、防护用具、设施及作业环境进行安全检查，消除安全隐患，检查安全标牌是否按规定设置，标志方法和内容是否正确完整等。

作业人员：认真学习并严格执行安全技术操作规程；坚决不违章作业；服从监督人员的指导，执行安全技术交底和有关健康管理与医疗急救的规定；作业人员有权提出意见，有权拒绝违章指挥和强令冒险作业；在施工中发生危及人身安全的紧急情况时，作业人员有权立即停止作业或者在采取必要的应急措施后撤离危险区域；发扬团结友爱精神，在健康管理方面做到互相帮助、相互监督。[①]

（四）教育培训工作

教育培训对于从业人员和施工单位都十分重要，可以提高劳动者对于职业健康的重视程度。只有经过培训，了解相关法律规章制度、操作规程和各工序的安全要求，才能有效规避违章冒险作业，保障一线建筑工人的生理和心理健康。

教育培训工作要针对建筑施工行业的特征进行有针对性的讲解。建筑施工行业从业人员健康管理与医疗急救工作应贯穿建筑施工的每一人员层级以及每一个环节。教育培训内容包括：国家有关法律法规；施工单位的有关制度；技术操作规程、机械设备和电气安全及高处作业的知识；防火、防毒、防尘、防爆知识以及紧急情况安全处置和安全疏散知识；防护用品的实用知识；自救排险、抢救伤员、保护现场和及时报告；施工工地的特点及潜在危险源等。

此外，应当通过多种宣传方式，强化建筑工程安全意识。可以组织安全知识讲座、制作宣传海报和宣传册等，提醒工人们时刻保持安全意识。另外，可以在施工现场设置安全提示标语，警示施工人员注意安全。

---

① 刘钦平. 建筑施工职场健康与安全［M］. 重庆：重庆大学出版社，2008：5.

（五）事故调查与处理

健康管理与医疗急救相关事故涵盖了建筑施工过程中由于各种危险因素造成从业人员职业病、传染病、财产损失以及伤亡等的意外事件，尤其是从业人员在工作时间、工作场所或者与其工作相关的时间和场所中因工作原因发生的人身伤害事故[①]，需要针对这些事件构筑完备的调查与处理体系。事故发生后，受伤者或者事故现场有关人员应立即直接或者逐级报告企业负责人。施工单位发生重大安全事故后应立即向当地建设行政主管部门或者其他有关部门报告，并在24h内提交书面报告。实行总承包的工程项目，由总承包单位负责上报事故。

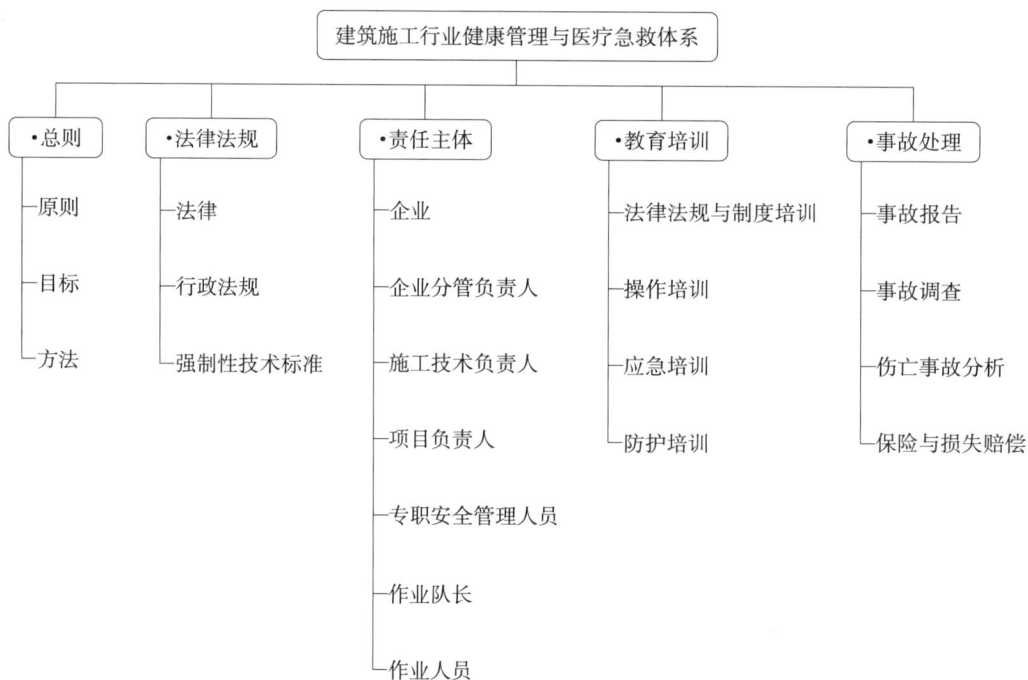

图1-3　建筑施工行业健康管理与医疗急救体系

第二节　建筑施工行业从业人员健康管理

一、健康管理内涵及其重要意义

在人们的工作活动或工作环境中，难免会存在潜在的危险源。危险源存在形式及

---

① 刘钦平. 建筑施工职场健康与安全［M］. 重庆：重庆大学出版社，2008：8.

种类较为多样，在发生概率、危害范围以及损失大小等方面存在不同标准。建筑施工行业从业人员健康管理指的是通过制定一系列规章制度和管理措施，保护从业人员的身体健康和生命安全，使从业人员免受相关危险与风险的侵害。常见的健康危害主要包括职业病、传染病以及人员心理障碍等。合理、科学、有效的职业健康管理能够保障工人的身体健康，提高工程质量和效率。

具体来说，建筑施工行业从业人员健康管理有着以下重要意义。第一，在建筑施工过程中，从业人员面临着如高空作业坠落、重物打击、粉尘和噪声污染等风险。合理的健康管理措施能够降低这些风险发生的概率，从而保证从业人员的身体健康。第二，建筑施工行业从业人员健康管理是提高工程质量和效率的重要保障。健康管理能够提前预防因工伤导致的工期延误以及工程质量的问题，安全的施工环境有助于从业人员的高效工作，减少事故和纠纷的发生。第三，建筑施工行业从业人员健康管理不仅是相关法规的要求，同时也是企业的社会责任，其中体现出企业塑造的职业健康文化，是实现文明施工的重要前提，也是尊重和关爱施工从业人员的必要举措。

二、建筑施工行业从业人员健康管理内容

（一）职业病管理

建筑施工行业常见的职业病包括接触各种粉尘引起的尘肺病、眼病，直接操作振动机械引起的手臂振动病，油漆工、粉刷工接触有机材料散发的不良气体引起的中毒，接触噪声引起的职业性耳聋等。同时，在建筑企业施工过程中，工人长时间的高强度劳动也可能会导致精神长期过度紧张，造成相应的职业病、高温中暑、疲劳、骨骼和关节疾病等。

职业病的预防和控制应以保护从业人员身心健康、提高其生活质量为核心。只要有害因素持续存在，就有发生职业病和工伤事故的可能性，但如果切实做好预防工作，就能够将工伤事故的发生率降低到最低限度。应当加强职业健康知识的宣传和培训工作，使安全、环保、节能的施工理念深入到每位从业人员的内心。

（二）传染病管理

建筑施工行业传染病主要包括呼吸系统传染病、消化系统传染病和食物中毒、血液及性传播疾病、虫、鼠媒传播疾病以及其他症状不明传染病。传染病能够通过空气、水、食物、接触、血液、土壤、节肢动物媒介、母婴等不同渠道进行传播，传播方式的多样性也意味着不同的传染病会展现出各自独特的流行病学特征，对于传染病的预防显得更加困难且十分必要。传染病管理主要流程如图1-4所示。

学习教育为主
建筑施工从业人员应当熟悉多种传染病种类、类型及其主要特征，学习掌握相关预防措施，了解常见的环境消杀和污染物处理方法

进一步改善
注重环境卫生的改善，个人日常应当注意防护（配备个人防护装备、勤洗手、多通风换气等），进行疫苗接种，进行全方位的公共健康教育

预防 → 应对 → 恢复

科学及时
采取科学方法管理传染源，快速阻断相应传播途径，保护尚未感染人员。对传染人员进行隔离、对受污染环境进行消杀等

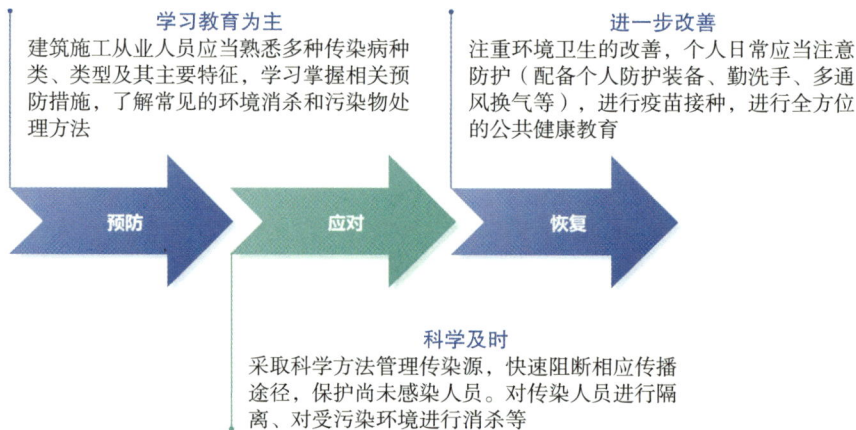

图1-4　传染病管理主要流程

（三）心理健康管理

心理健康管理与生理健康处于同等重要地位，建筑施工从业人员的心理健康问题形式较为多样。导致建筑施工行业从业人员心理健康问题的原因主要包括外部因素和内部因素，如图1-5所示。

工作环境　　工作场所压力　　个人及家庭

图1-5　导致建筑施工行业从业人员心理健康问题的原因

家庭的支撑对于从业人员的心理健康尤其重要，家庭矛盾会加剧从业人员的心理负担。良好的家庭关系与职场关系都能够成为重要的人际脉络和社会支持来源。同时，从业人员的自我评价亦会影响心理健康，从业人员的价值观会影响个人的人生定位，直接导致精神愉悦或者精神压力与痛苦。加强建筑施工行业从业人员心理健康管理应当以预防为首要环节，加强心理健康自查，对自身状况要做到心中有数。此外，企业帮扶和专业心理服务也能够有效缓解从业人员心理问题。

第三节　建筑施工行业从业人员医疗急救

一、医疗急救内涵及其重要意义

建筑施工医疗急救是指在发生事故时，采取有效的医疗措施消除、减少事故危害和防止事故扩大最大限度降低事故损失。施工现场突发应急事件时，医疗救援工作至关重要。如果能够快速妥善处理问题，可以及时挽救事故受伤人员的生命，最大限度

地减少损失。医疗急救的最重要意义在于及时有效地处理不同的意外事故，减轻事故造成的损失和影响。其目标是确保伤员能够尽快得到急救和救治，减少伤害程度，提高生存率，同时保障其他工人的安全。医疗急救措施关系到每一位工人的生命安全，只有切实掌握急救知识并做好应急演练，才能有效应对工地突发事件。

　　建筑施工行业从业人员医疗急救体系应涵盖事前准备、紧急处理和事后总结等环节（图1-6）。事前准备包括建立健全的管理制度、制定应急预案、提供急救设施和装备、进行急救人员培训等。紧急处理涉及事故发生时的相关处理程序和方法，能快速反应处理故障或将事故消除在萌芽状态。事后总结通过善后处理、损失评估等方式，控制或减少事故造成的损失。这三个环节的紧密衔接，离不开日常对于从业人员的急救意识塑造与急救知识普及，只有从日常出发，才能够在事故与危险发生时做到有的放矢，提高从业人员的急救技能和应对能力。

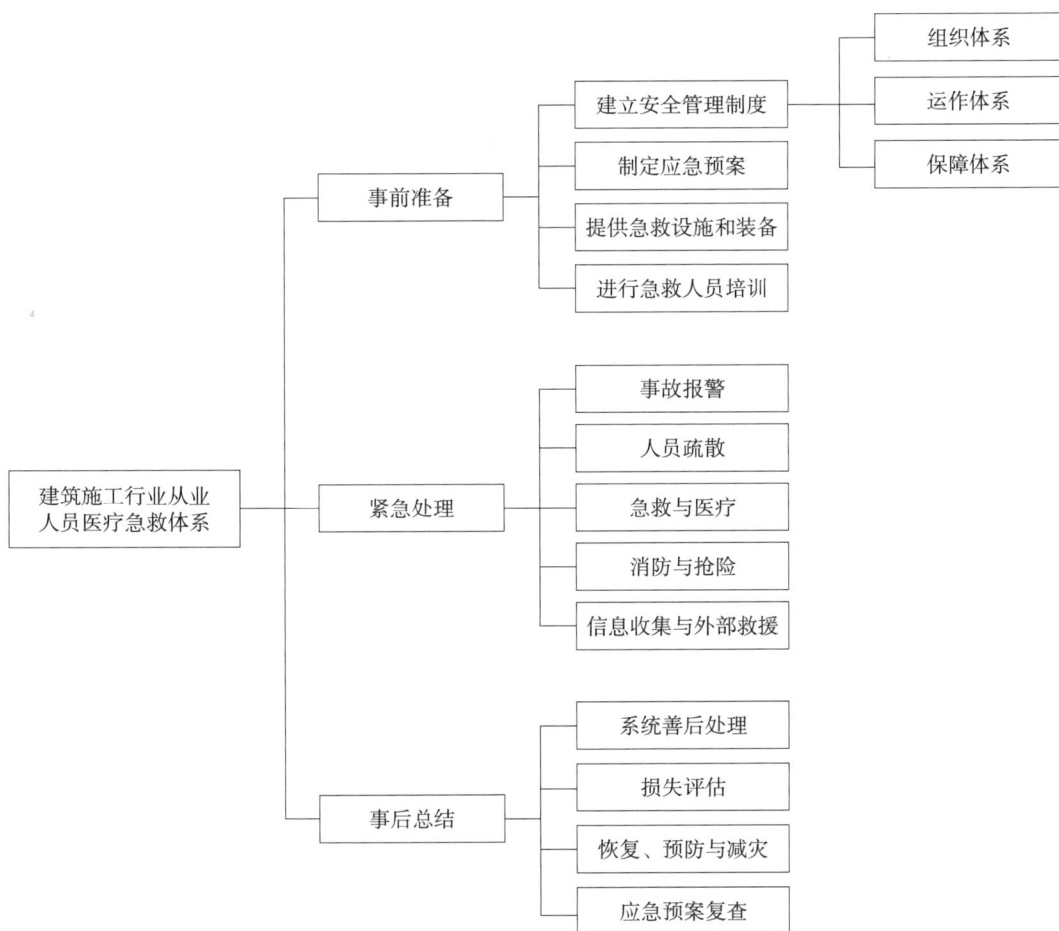

图1-6　建筑施工行业从业人员医疗急救体系构建

二、建筑施工行业从业人员医疗急救内容

（一）常见事故及伤害类型

高处坠落、物体打击、机械伤害、坍塌事故以及触电事故是建筑施工行业最常见的"五大伤害"。第一，建筑施工中常涉及高空作业，如果没有安全措施或安全带不牢固，可能导致从高处坠落，造成伤害。高处坠落通常由人的不安全行为、物体的不安全状态、环境因素以及管理缺陷等原因造成。第二，物体打击事故是指失控物体在惯性或重力等其他外力的作用下产生运动，对人身造成伤害，甚至导致伤亡的事故。物体打击的发生通常由施工现场管理混乱、机械设备不安全以及施工人员的违规操作等原因导致。第三，建筑施工中使用大量机械设备，如果对机械设备操作不当或设备失灵，容易发生事故。导致机械设备事故的原因可能是多方面的，既包括人为因素，也包括天气以及机械设备本身缺陷等客观因素。第四，高层建筑涉及的基础施工工艺比以往更加复杂。进行高层建设施工的时候，可能会发生坍塌事故。第五，建筑施工过程中，如操作不当易引发触电事故。触电分为单相触电、两相触电以及跨步电压触电，易对人体造成电击、电伤两种损害，现场急救对触电者非常重要。

除常见的"五大伤害"之外，建筑施工行业也存在发生暴力事件和突发状况的可能性，从业人员之间可能出现争吵、打斗、欺凌等现象。在部分极端情况下，暴力事件甚至可能会升级为持械斗殴或者破坏工地设备和建筑物。为应对突发事件，需要定期对工地工人和相关人员的教育和培训，配备必要的安全设备，进行科学合理的工地管理，定期进行工地安全巡检。

（二）急救常识

为有效应对上述常见事故及伤害，建筑施工行业从业人员日常可展开针对事故急救知识的学习。急救培训对于有效实施工地急救措施至关重要，主要包括急救知识、使用防护设备的技能、了解和遵守安全规定等。经过实际培训后，从业人员能够更好地处理紧急情况。从业人员应接受相关急救知识和技能的培训，主要包括人工呼吸、心肺复苏、止血包扎等急救技术。同时，他们还应了解工地常见事故类型、现场救援方法等。此外，急救人员还须具备良好的心理素质和专业精神，能在紧急情况下保持冷静、果断行动。

建筑施工行业从业人员应明确个人劳动防护要求，在此基础之上全面掌握个人作业基本安全常识，包括高空作业安全常识、电气安全常识、消防安全常识、机械作业安全常识以及危险化学品安全常识等内容。建筑施工从业人员还应学会识别施工现场

危险源，学习不同的辨识危险源的方法。对于施工现场的安全标志及标牌，施工人员也应熟练掌握。此外，针对相关辅助的急救手段也应引起从业人员重视，比如在建筑施工现场，应明确紧急救援电话号码。在危急情况发生时，应能够迅速联系到医院、消防以及公安部门。快速拨打相关电话能够节省时间、及时获得救援。建筑施工现场也应在容易接触到的位置配备急救箱，工人应了解急救箱的位置，同时应学习如何使用相关急救物品。

思考题

1. 建筑施工的主要风险因素有哪些？

2. 建筑施工行业健康管理与医疗急救的原则与方针是什么？

3. 在涉及建筑施工行业职业健康方面，我国已制定了哪些相关法律法规？

第二章 人体构造与生理卫生基础知识

导学

　　本章主要讲述人体构造及其主要系统，阐述各系统的生理功能。在此基础上，进一步分析建筑施工行业对人体各系统的影响，并针对不同系统的危害提出了具体的防控措施。建筑施工行业由于自身工作的性质及特点，对人体各系统均有持续影响。因此，系统了解人体系统分布、主要生理功能及建筑行业对其影响，有利于维护从业人员的身心健康。

第一节 生理系统概述

　　人体从外形上可分成10个局部：头部、颈部、背部、胸部、腹部、盆会阴部和左、右侧上、下肢。各个局部交叉承担着人体不同器官各个系统的功能。人体的诸多器官按功能的差异，分类组成以下系统：

　　运动系统主要包括骨骼、关节和骨骼肌，分布于全身，负责人体完成各种运动和活动，并保护人体各个器官。**循环系统**由心脏、血管和血液组成，分布于全身，负责输送氧气和营养物质到全身各个组织，同时运送废物和二氧化碳到相应的器官进行处理。**呼吸系统**包括鼻腔、喉、气管、肺等，主要位于胸腔，负责吸入氧气、排出二氧化碳。**消化系统**主要包括口腔、食管、胃、肠道等器官，位于躯干部，负责消化食物和吸收营养物质。**泌尿系统**包括肾脏、膀胱、尿道等器官，位于下腹部，负责排泄体内废物，维持体内水盐平衡。**生殖系统**主要包括睾丸（卵巢）、输精管（输卵管）、前列腺（子宫）、阴茎（阴道）等器官，位于下腹部及生殖器部位，负责生殖和性功能。**免疫系统**包括皮肤、黏膜、脾脏、淋巴结、扁桃体和腺样体等，分布于全身，保护身体免受病原体侵害，维持人体内环境和体内微环境稳态。**神经系统**包括大脑、脊髓、周围神经系统等，分布于全身，负责传递神经信号，控制身体各部位的活动和功能。**内分泌系统**包括下丘脑、垂体、甲状腺、肾上腺、胰腺等，分布于全身，负责激素调节和控制身体的各种生理过程。免疫—神经—内分泌网络将人体各器官系统有机联合起来，在全面调节人体各种功能活动中起到既互相制约又相互协调的关键性调控作用。上述九大系统，如表2-1所示。本章主要聚焦于同建筑施工行业密切相关的人体系统进行介绍，主要包括运动系统、循环系统、呼吸系统、消化系统等。

表2-1　人体生理系统概况

生理系统	组成部分
运动系统	骨骼、关节和骨骼肌
循环系统	心脏、血管和血液
呼吸系统	鼻腔、喉、气管、肺等
消化系统	口腔、食管、胃、肠道等
泌尿系统	肾脏、膀胱、尿道等
生殖系统	睾丸（卵巢）、输精管（输卵管）、前列腺（子宫）、阴茎（阴道）等
免疫系统	皮肤、黏膜、脾脏、淋巴结、扁桃体和腺样体等
神经系统	大脑、脊髓、周围神经系统等
内分泌系统	下丘脑、垂体、甲状腺、肾上腺、胰腺等

第二节　运动系统

人体运动系统由骨骼、骨骼肌、关节、韧带和肌腱构成，可维持身体姿势、促进运动并保护内部器官。建筑施工高强度、长工时等工作性质，可造成机体肌肉、骨骼、关节等负荷较大，影响人体运动系统的多个方面，并易发生意外伤害。

一、运动系统解剖学

骨由细胞和骨基质构成，能不断地进行新陈代谢，并有修复、再生和改建的能力。成人共有206块骨，分为颅骨、躯干骨和四肢骨。由于人类直立的日常姿态，上肢适于抓握和操作，以灵活运动为主；下肢起支持身体的作用，以稳定运动为主。

骨骼肌主要位于躯干和四肢，收缩迅速有力。[①]运动系统的骨骼肌多数附着于骨骼，少数附着于皮肤者，称为皮肌。其有丰富的血管和淋巴管分布，并受神经的支配，执行其特定的功能。**关节**[②]主要由关节面、关节囊和关节腔组成。关节面用于确保关节运动时的稳定性和流畅性。关节囊用于保护关节，提供稳定性并限制关节运动范围。关节腔内部的关节液有助于减少摩擦、提供润滑，并为关节提供营养。**人体韧带**是由纤维组织构成的结构，起着支撑和稳定关节的作用。韧带的主要功能是限制关节的过度活动，防止关节脱位或损伤。**人体肌腱**是由纤维组织构成的结构，连接肌肉与骨骼，能够将肌肉的收缩力量传递至骨骼。肌腱的主要功能是传递力量和提供稳定性，使得肌肉能够有效地移动骨骼。

二、运动系统生理卫生知识

运动系统对完成各种运动和活动，保护人体器官具有重要作用。在建筑施工行业中，从业人员经常需要进行体力劳动，可能会对自身的运动系统产生影响。此外，若长时间保持不良姿势，则可能导致职业病的发生。因此，深入了解和掌握人体运动系统的生理卫生知识，对于建筑施工从业人员预防职业病、提高工作效率和保障身体健康至关重要。

（一）运动系统生理功能

运动系统主要包括骨骼系统、肌肉系统、关节系统等，其主要生理功能如下：

1. 骨骼系统

骨骼系统由骨骼、关节和韧带组成，提供身体的支撑和保护。骨骼是身体的框架，支持和保护内脏器官，同时也是血液细胞生成的场所，维持人体的免疫功能和血液循环。骨骼还负责钙、磷等矿物质的储存和释放，维持骨骼的健康和生理功能。韧带连接骨头与骨头之间，起着支撑和稳定关节的作用，防止过度活动和关节脱位。韧带还能向骨骼传递肌肉产生的力量，使得肌肉能够有效地移动骨骼。

2. 肌肉系统

肌肉系统由肌肉组织和肌腱组成，负责身体的运动和姿势的维持，确保身体的稳定性和平衡。肌肉通过收缩和放松提供力量和动力，从而使身体进行运动。同时，骨骼肌在收缩时产生热量，有助于保持体温和调节新陈代谢。肌腱连接肌肉和骨骼，传

---

① 骨骼肌受躯体神经支配，直接受人的意志控制，又被称为随意肌。
② 关节主要分为球窝关节、铰链关节和旋转关节三种类型。

递肌肉产生的力量，能够有效地移动骨骼。肌腱的存在提高了肌肉的运动效率和力量输出，支持身体进行各种运动和活动。肌腱的弹性和张力可以调节肌肉产生的力量，使得运动过程更加平稳和有效。

3. 关节系统

关节连接骨骼并提供支持，使身体能够进行各种复杂的运动，并通过软骨、滑液和韧带等结构保持稳定性。关节能够让骨骼在多个方向上运动，从而提供身体的灵活性和可调性。当身体运动时，关节可通过软骨和关节囊吸收所产生的冲击，以减少骨骼受到的损伤。同时，关节内的滑膜可分泌液体，帮助减少关节表面的摩擦，保持关节运动的顺畅性和舒适性。

（二）建筑施工对运动系统的影响

对相关从业人员而言，建筑施工对人体运动系统的影响主要包括以下内容：

1. 体力劳动对肌肉系统的影响

建筑行业通常需要从事体力劳动，例如搬运重物、爬梯子等，这会对肌肉系统造成一定程度的影响。长时间重复性的体力劳动可能导致肌肉疲劳、肌肉酸痛，甚至引发肌肉损伤，如扭伤、拉伤等。

2. 姿势和关节问题

在建筑工作中，需要保持特定的姿势，如弯腰、蹲下、伸展等，这可能导致关节受力不均衡，增加关节受伤的风险。长期保持不良姿势可能导致姿势异常，如颈椎病、腰椎病、骨性关节炎等问题。

3. 工作环境的影响

建筑工作环境通常比较恶劣，使用振动工具或在振动环境中工作可能会增加关节受伤的风险，尤其是对于手部和脊椎的关节。长期暴露在不良工作环境中，可能导致肌肉疲劳、关节疼痛，甚至影响神经系统功能。

4. 运动系统损伤的风险

在建筑工作中，由于工作性质和环境的特殊性，比如地面不平整、工作空间狭窄等，从业人员容易受伤。意外摔倒、被重物砸伤、扭伤踝关节等情况经常发生，这可能导致骨折、挫伤、脱臼等运动系统损伤。

（三）卫生保健预防措施

1. 定期休息和放松

在建筑工作中，特别是进行体力劳动时，定期休息和放松是非常重要的。工人们应该安排适当的休息时间，避免长时间连续工作，以减轻肌肉的疲劳和紧张，保护运动系统健康。适度的运动可以帮助保持关节的灵活性和稳定性，维持韧带的柔韧性和强度，预防关节僵硬和疼痛。

2．保持良好的工作姿势

建筑工作往往需要长时间保持特定的工作姿势，因此保持良好的姿势对于预防运动系统问题至关重要。正确的姿势可以减少关节受力不均衡和肌肉紧张，降低受伤风险。

3．穿戴适当的防护装备

在建筑工作中，穿戴适当的防护装备可以有效地保护运动系统免受伤害。例如，戴上头盔、手套、护膝、护腰等装备可以减轻头部、手部、膝部和腰部受伤的风险。

4．定期进行身体检查

从业人员应该定期进行身体检查，包括检查肌肉、骨骼和关节的健康状况。定期体检可以及时发现运动系统问题，采取必要的措施进行治疗和管理，防止出现恶化问题（图2-1）。

图2-1　运动系统卫生保健预防措施

第三节　循环系统

循环系统由心脏、动脉、毛细血管和静脉组成，血液在其中循环流动，主要功能是物质运输，即将消化管吸收的营养物质和肺吸收的氧运送到全身器官的组织和细胞，同时将组织和细胞的代谢产物、多余的水及二氧化碳等运送到肾、肺、皮肤等器官排出体外，以保证机体新陈代谢的不断运转，如图2-2所示。建筑行业的高强度体力工作性质和高温高湿工作环境等，导致循环系统负荷较大，增加心脏疾病和其他循环系统问题的风险。

一、循环系统解剖学

心脏形似倒置的、前后稍扁的圆锥体，周围裹以心包，斜位于胸腔中纵隔内。动脉

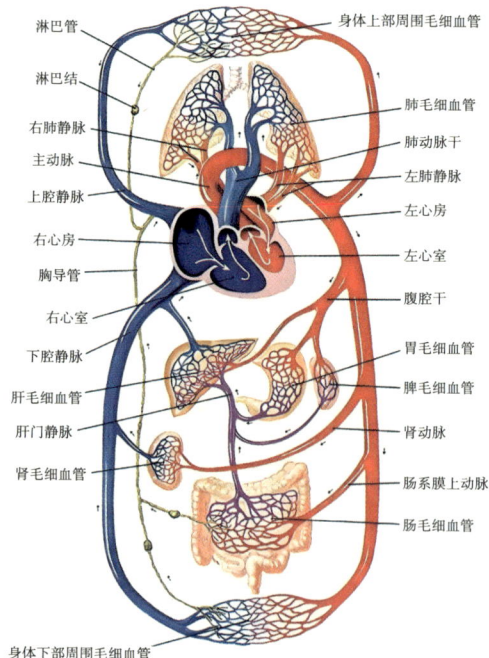

图2-2　循环系统概观

是运送血液离心的管道。静脉是引导血液回心的血管。毛细血管是连接动、静脉末梢间的管道。在神经体液调节下，血液沿心血管系统循环不息。血液由左心室搏出，经主动脉及其分支到达全身毛细血管，血液在此与周围的组织、细胞进行物质和气体交换，再通过各级静脉，最后经上、下腔静脉及心冠状窦返回右心房，这一循环途径称体循环，又称大循环。血液由右心室搏出，经肺动脉干及其各级分支到达肺泡毛细血管进行气体交换，再经肺静脉进入左心房，这一循环途径称肺循环，又称小循环。体循环和肺循环同时进行，体循环的路程长，流经范围广，以动脉血滋养全身各部，并将全身各部的代谢产物和二氧化碳运回心脏。肺循环路程较短，只通过肺，主要使静脉血转变成氧饱和的动脉血。

二、循环系统生理卫生知识

循环系统具有为全身组织器官运送血液、分泌功能、运走组织代谢废物以及通过血液将氧气、营养物质和激素供给组织等作用。在建筑施工过程中，从业人员常面临长时间站立、重体力劳动、高温、高湿、噪声及粉尘等，这些因素都可能对人体循环系统产生影响。因此，有必要深入了解和掌握人体循环系统的生理卫生知识。

（一）循环系统生理功能

循环系统的主要生理功能如下：

1. 心脏

心脏是循环系统的核心器官，负责泵血，将氧气和营养物质输送到全身各个组织和器官。心脏通过收缩和舒张的动作，将氧合血送至身体各处，同时将含有二氧化碳的血液输送至肺部进行气体交换。通过调节血液的流动和心脏的收缩力度来维持合适的血压。

2. 血管系统

血管系统包括动脉、静脉和毛细血管，它们负责输送血液到全身，并在组织和器官之间进行物质交换。动脉将氧合血从心脏输送到身体各个组织和器官的主要通道，静脉将含有二氧化碳和其他代谢废物的血液从身体各部位返回至心脏，以便进一步通过肺部排出二氧化碳，或者通过肾脏排泄废物。毛细血管负责氧气和营养物质的交换，并收集和运送代谢废物，如二氧化碳和尿素等，从组织器官中排出体外。

3. 调节功能

循环系统还具有调节体温、水分和电解质平衡的功能。通过血液循环，身体能够调节体温，保持在适宜的范围内；同时，水分和电解质在血液中的浓度也受到循环系统的调节，维持体内环境的稳定性。

（二）建筑施工对循环系统的影响

对相关从业人员而言，建筑施工对人体循环系统影响主要包括以下内容：

1. 心血管负担

建筑行业的工作通常需要在高温、高湿度或者高海拔等特殊环境下进行，这可能导致心血管系统承受较大的负担。例如，高温环境容易导致血管扩张，增加心脏负荷，加重静脉系统的负担，进而加剧静脉血栓的风险。从业人员通常从事高强度的体力劳动，这会增加心脏的负荷。长期高负荷工作可能导致心肌过度疲劳或心肌肥大，增加动脉硬化、高血压等心脏疾病的患病风险。

2. 缺乏运动和长时间站立

从业人员虽然经常需要长时间站立或者进行重体力劳动，但是他们却缺乏足够的运动。长时间站立可能导致血液在下肢堆积，增加静脉曲张和血栓形成的风险，而缺乏运动则可能导致肥胖、高血脂等问题，增加动脉硬化等心血管疾病患病风险。

3. 工作压力和心理健康

建筑行业有时工作压力较大，例如工期紧张、工作量大等导致休息不足和不良的饮食习惯，进而影响循环系统的健康。长期处于高压力状态可能导致心理健康问题，如焦虑、抑郁等，进而影响心血管系统的健康。

4. 职业暴露和健康风险

在建筑工作中，可能暴露于噪声、粉尘、有害气体等环境因素，这些物质可能对心血管系统造成损害，增加心血管疾病的风险。

（三）卫生保健预防措施

1. 适量运动

尽管建筑工作本身是体力活动，但定期进行适量的有氧运动仍然是维护循环系统健康的重要手段。适当的运动可以增强心血管功能、降低血压、改善血脂代谢，有助于预防心血管疾病。尤其是对于长时间站立或是重体力劳动的工种，应学会正确的站立姿势和休息方法，预防静脉曲张和静脉血栓的形成。

2. 良好的工作环境和条件

提供良好的工作环境和条件对于循环系统的健康至关重要。确保工地通风良好，控制温度和湿度，减少对心血管系统的负面影响。从业人员应该注意保持体温适度，避免过度疲劳和脱水，以减轻循环系统的负担。此外，提供充足的休息时间和合理的工作安排也能有助于维护循环系统的健康。

3. 饮食和营养

良好的饮食习惯对于维护循环系统健康至关重要。从业人员应该保证均衡营养，摄入足够的蔬菜水果、全谷类和蛋白质，减少高脂肪、高盐和高糖食物的摄入，有助于降低患心血管疾病的风险。

4. 定期健康检查

从业人员应定期接受健康检查，特别是心血管系统方面的检查。这有助于及时发现潜在问题，采取预防或治疗措施，保障循环系统的健康（图2-3）。

适量运动

良好的工作环境和条件

饮食和营养

定期健康检查

图2-3　循环系统卫生保健预防措施

第四节　呼吸系统

呼吸系统由呼吸道和肺组成，如图2-4所示。呼吸系统的主要功能是进行气体交换，吸入氧，排出二氧化碳。此外还有发音、嗅觉、协助静脉血回流入心等功能。建筑行业的有害物质暴露、压力疲劳等工作性质，可造成机体呼吸系统等负荷较大，增加呼吸系统疾病风险。

一、呼吸系统解剖学

呼吸道包括鼻、咽、喉、气管及支气管等，通常称鼻、咽、喉为上呼吸道，气管和各级支气管为下呼吸道。鼻分为外鼻、鼻腔和鼻旁窦，是呼吸道的起始部，也是嗅觉器官。喉既是呼吸的管道，又是发音的器官。喉以喉软骨为支架，借关节、韧带和肌连接而成。气

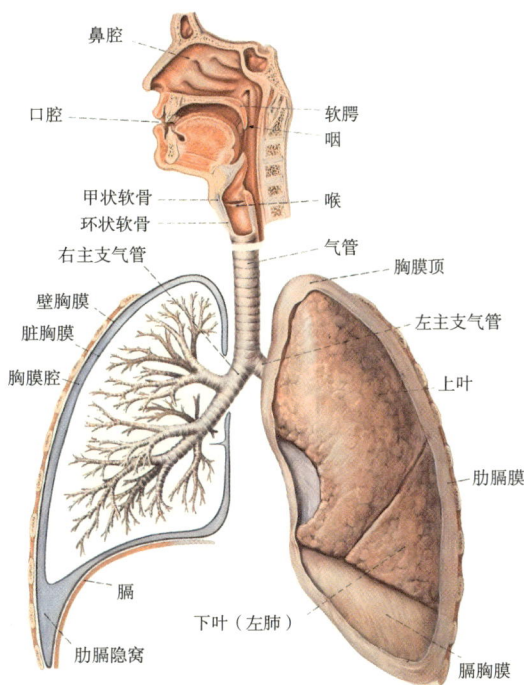

图2-4　呼吸系统概观

管位于喉与气管权之间，气管全长以胸廓上口为界，分为颈部和胸部。

肺由肺实质和肺间质组成，位于胸腔内。肺的表面被覆脏胸膜，透过胸膜可见许多呈多角形的小区，称肺小叶。正常肺呈浅红色，质柔软呈海绵状富有弹性。成人肺

的质量约等于本人体质量的1/50，男性平均为1000～1300g，女性平均为800～1000g。健康成年男性两肺的空气容量约为5000～6500mL，女性小于男性。

二、呼吸系统生理卫生知识

呼吸系统通过呼吸道、肺泡和肺血管之间的气体交换，维持人体细胞所需的氧气浓度，并清除体内多余的二氧化碳，从而保持呼吸代谢的平衡。呼吸系统的重要意义不言而喻。从业人员需要通过进一步了解有关的生理卫生知识和预防措施，保障呼吸系统健康。

（一）呼吸系统生理功能

1. 气体交换

呼吸系统通过气体交换，将氧气从外界吸入肺部，同时将二氧化碳排出体外。这一过程主要通过肺泡和毛细血管之间的气体交换完成，确保了身体组织和器官能够获得足够的氧气以支持生命活动，并排出代谢产物二氧化碳。

2. 气体传输

呼吸系统通过气道将气体输送到肺部，并将氧气从肺部传输到血液中，再将二氧化碳从血液中传输到肺部，最终排出体外。这一过程包括气道、支气管、肺泡和毛细血管等结构的协调工作，确保了气体在身体内的有效传输。

3. 酸碱平衡

呼吸系统通过调节血液中二氧化碳的含量来维持血液的酸碱平衡。二氧化碳是血液中最重要的酸性物质，呼吸系统通过调节呼吸深度和频率，控制体内二氧化碳的排泄速率，以维持血液的酸碱平衡，确保生理功能的正常运作。

4. 免疫防御

呼吸系统通过鼻腔、气管和支气管等结构，作为防御机制，阻止有害物质和微生物进入身体内部。鼻毛、黏液和纤毛等结构可以过滤空气中的尘埃和微生物，减少其对呼吸系统的损害，上呼吸道黏膜还能够加湿和温暖吸入的空气，使其更适合进入下呼吸道，减少对下呼吸道的刺激和损伤。同时，呼吸道中的免疫细胞也能够清除和消灭入侵的病原体。

5. 声音产生

呼吸系统中的声带和声门参与了声音的产生过程。通过调节声带的张力和声门的开合程度，呼吸系统可以产生不同音调和音量的声音，实现语言交流和声音表达的功能。

（二）建筑施工对呼吸系统的影响

对相关从业人员而言，建筑施工对人体呼吸系统影响主要包括以下内容：

1. 空气污染暴露

从业人员可能会暴露于尘埃、化学物质和有害气体等空气污染物中，例如粉尘、挥发性有机化合物（VOCs）、氮氧化物等。长期暴露于这些有害物质中可能导致呼吸系统疾病，如呼吸道炎症、过敏反应和气道阻塞等。一些挥发性有机化合物和有害气体，如苯、甲醛等，可能对呼吸系统产生损害。

2. 高温高湿环境

建筑工地常常处于高温、高湿的环境中，尤其在夏季或密闭的施工空间中，工人容易出现中暑和脱水等情况。高温高湿环境会加重呼吸系统的负担，增加呼吸困难和不适感，甚至导致热应激和热衰竭等严重后果。

3. 疲劳和压力

施工现场通常需要长时间站立和高强度劳动，工人易出现疲劳和精神压力，影响免疫系统功能，增加上呼吸道感染的风险。

4. 噪声和振动

施工现场通常伴随着机械设备的噪声和振动，长时间暴露会导致喉咙不适、声带受损等上呼吸道问题，甚至引发听力损伤和喉部疾病。施工现场的机械设备和工具的振动会传导到工人的身体，特别是对于长期从事振动性工作的工人，可能导致肺部组织受损，增加患呼吸系统疾病的风险。

（三）卫生保健预防措施

1. 呼吸系统防护装备

从业人员在施工过程中应配备有效的呼吸系统防护装备，如N95口罩、防毒面具等，以减轻吸入粉尘、化学物质和有害气体的风险。这些装备能有效过滤空气中的污染物，保护呼吸道健康。

2. 良好的通风环境

提供良好的通风环境是保护呼吸系统健康的关键措施之一。通过良好的通风系统和空气循环设备，可以及时排除施工现场产生的尘埃、化学气体等有害物质，保持空气清新，减轻呼吸系统的负担。

3. 定期健康检查

从业人员应定期接受呼吸系统健康检查，包括肺功能检测、X光胸片等。及时发现呼吸系统问题，采取预防和治疗措施，有助于保障呼吸系统健康，减少职业病风险。

4. 饮食与生活习惯

良好的饮食和生活习惯也对呼吸系统健康至关重要。从业人员应保持合理的饮食结构，增加摄入富含维生素C、E等抗氧化物质的食物，有助于保护呼吸道黏膜；喝足够的水有助于保持下呼吸道黏膜的湿润，减少黏膜干燥和损伤的可能性，有助于维持呼吸道的健康。同时，避免吸烟和限制酒精摄入，减少对呼吸系统的损害。

5. 健康教育与培训

为从业人员提供健康教育培训，如指导工人正确使用

图2-5　呼吸系统卫生保健预防措施

呼吸防护装备，注意施工现场通风情况，避免长时间暴露于有害气体和粉尘中等，增强他们对呼吸系统健康的认识，从而降低呼吸系统疾病的风险（图2-5）。

第五节　消化系统

人体消化系统由消化管和消化腺构成，其基本功能是摄取食物，进行物理性和化学性消化，经消化管黏膜上皮细胞吸收，最后将食物残渣形成粪便排出体外，如图2-6所示。

一、消化系统解剖学

消化管是指从口腔到肛门的管道，其各部功能不同，形态各异，可分为口腔、咽、食管、胃、小肠（十二指肠、空肠和回肠）和大肠（盲肠、阑尾、结肠、直肠和肛管）。口腔是消化管的起始部，其前壁为上、下唇，侧壁为颊，上壁为腭，下壁为口腔底。咽是消化管上端扩大部分，是消化管与呼吸道的共同通道。食管是一前后扁平的肌性管状器官，是消化管各部分中最狭窄的部分，

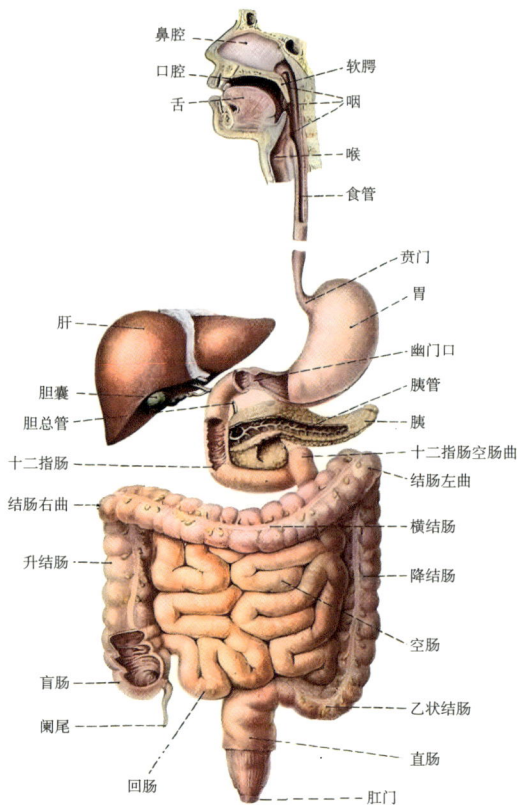

图2-6　消化系统概观

长约25cm。胃是消化管各部中最膨大的部分,上连食管,下续十二指肠。小肠是消化管中最长的一段,长5~7m。上端起于胃幽门,下端接续盲肠,分为十二指肠、空肠和回肠3部分。大肠是消化管的下段,全长1.5m,续自回肠末端,止于肛门。临床上通常把从口腔到十二指肠的这部分管道称上消化道,空肠以下部分称下消化道。

消化腺按体积的大小和位置不同,可分为大消化腺和小消化腺两种。大消化腺位于消化管壁外,成为一个独立的器官,所分泌的消化液经导管流入消化管腔内,如大唾液腺、肝和胰。肝是人体内最大的腺体,也是最大的消化腺,其体积可占腹腔容积的一半以上。胰是人体第二大消化腺,由外分泌部和内分泌部组成。胰的外分泌部(腺细胞)能分泌胰液,胰液经主胰管和副胰管汇集后,排泄到十二指肠降部。小消化腺分布于消化管壁的黏膜层或黏膜下层,如唇腺、颊腺、舌腺、食管腺、胃腺和肠腺等。

二、消化系统生理卫生知识

消化系统的主要功能包括摄取食物、消化食物、吸收营养和排泄废物。消化系统通过分泌消化酶和机械运动来分解食物,使营养能够被小肠吸收,最终将废物排出体外。建筑施工行业从业人员有必要学习消化系统生理卫生知识,预防消化系统疾病。

(一)消化系统生理功能

1. 食物消化

消化系统通过一系列器官(口腔、食道、胃、小肠、大肠等)和消化液(唾液、胃液、胆汁、胰液等)的作用,将摄入的食物分解成营养物质,如葡萄糖、氨基酸、脂肪酸等,以供身体吸收利用。

2. 营养吸收

消化系统在小肠中完成营养物质的吸收。葡萄糖、氨基酸、脂肪酸等营养物质通过肠壁上的细胞吸收进入血液循环,被运送到身体各处,提供能量和原料,维持生命活动。

3. 水和电解质平衡

消化系统帮助维持体内水分和电解质的平衡。在消化过程中,水分和电解质通过肠壁吸收,补充体液的损失,保持血浆渗透压和酸碱平衡,确保细胞正常功能。

4. 排泄功能

消化系统通过大肠完成对未消化食物残渣和代谢废物的排泄。大肠吸收水分,凝结粪便,将其排出体外,保持肠道通畅,防止毒素在体内滞留。

5. 免疫功能

消化系统参与免疫防御，保护身体免受病原体和有害物质的侵害。肠道黏膜上的免疫细胞和益生菌能够识别和清除病原微生物，维护肠道菌群平衡，促进免疫系统的健康。

（二）建筑施工对消化系统的影响

对相关从业人员而言，建筑施工对人体消化系统影响主要包括以下内容：

1. 饮食与生活不规律

在建筑工作中，由于施工项目的性质和工作强度的需求，工人可能面临工作时间不规律、饮食不均衡等问题。长期不规律的饮食和生活习惯可能影响消化系统的正常功能，增加消化不良和胃肠道疾病的风险。

2. 饮食环境和条件

建筑工地的饮食环境通常较为简陋，食物的卫生状况和质量难以保证。工人可能只能选择便利的快餐等，这些食物可能存在卫生问题和营养不均衡，对消化系统健康构成潜在威胁。

3. 压力和紧张

在建筑行业，工人常常面临工期紧张、任务繁重等压力，加之工作环境复杂，容易导致情绪紧张和焦虑。长期处于高压状态下会影响消化系统的正常功能，可能导致消化不良、胃溃疡等问题。

4. 工作环境因素

建筑工地可能存在噪声、振动、化学物质等环境因素，这些因素可能对消化系统造成影响。例如，长时间暴露于噪声和振动环境中可能导致消化道溃疡、食欲不振等胃肠功能紊乱，影响食欲和消化功能。

5. 缺乏运动

施工现场通常需要长时间站立或者做重体力劳动，但缺乏规律的运动锻炼。长期缺乏运动可能影响肠道蠕动和代谢功能，增加便秘和消化不良的风险，对消化系统健康不利。

6. 缺乏卫生设施

在一些建筑工地，由于条件限制，可能缺乏足够的卫生设施，如饮水处、洗手间等。工人长时间忍受不良的卫生条件可能增加胃肠道感染和疾病的发生率，对消化系统健康造成影响。

（三）卫生保健预防措施

1. 饮食卫生

提倡从业人员在工作期间保持均衡饮食，多食用蔬菜、水果和全谷类食品，限制高脂肪、高糖和高盐食物的摄入，保持规律的饮食时间，避免暴饮暴食。餐前餐后洗手，避免食用不清洁的食物，减少食物中细菌和病原体的摄入，以保护消化系统健康。

2. 饮水保障

确保建筑工地有充足的饮用水源，并提供清洁的饮水设施。充足的水分摄入有助于促进消化系统正常运作，防止脱水和便秘等问题。

3. 提供卫生设施

在建筑工地设置足够的卫生设施，如洗手间、厕所等，保障工人能够在工作间隙进行个人卫生。提供清洁卫生的工作环境有助于预防消化系统疾病的发生。

4. 定期卫生检查

从业人员应定期接受消化系统健康检查，包括胃镜、肠镜等检查项目。及时发现消化系统问题，采取预防和治疗措施，有助于保障消化系统健康，减少消化道疾病的风险。

5. 卫生教育与培训

为从业人员提供消化系统健康的教育和培训，增强他们对消化系统健康的认识和保护意识。帮助工人形成良好的饮食习惯、个人卫生习惯，减少食物中毒和消化道感染的发生（图2-7）。

图2-7　消化系统卫生保健预防措施

思考题

1. 人体各个系统与建筑施工工作性质之间的关系？

2. 建筑现场施工时，如何避免运动系统损伤？

3. 建筑施工现场，施工管理方和从业人员如何饮食可有效保护消化系统？

4. 建筑现场施工时，哪些人群的呼吸系统容易受到影响？

第二部分
建筑施工行业从业人员健康管理

第三章 职业病及预防处理

导学

　　本章主要讲述职业病及其主要类型、职业病危害的特点及影响。在此基础上，进一步分析建筑施工行业的职业病危害因素及常见职业病类型，并针对不同的职业病危害提出了具体的防控措施。建筑施工行业职业病危害因素种类繁多、复杂，且防护难度比较大。为此，从业人员有必要系统了解职业病的定义、主要类型及特点，进而掌握建筑施工行业职业病危害因素及职业病预防措施。

第一节 职业病及其危害

一、职业病的定义及主要类型

　　人们在从事各类生产活动中，由于生产方法、环境、过程或工艺流程中的多种因素，可能对生产者的健康造成威胁或影响。健康问题的范围相当广泛，涵盖了职业性疾病、工伤事故以及与工作相关的疾病。这些问题的发生与人类行为紧密相连，可以被视为人为引起的疾病。其发生和发展模式与人类的生产活动紧密相关，并且与职业健康保护措施的有效性直接相关。所有与职业健康损害相关的要素统称为职业性危害因素，这些因素种类繁多，包括了物理、化学和生物因素。

　　（一）职业病的定义

　　依据《中华人民共和国职业病防治法》，职业病被定义为劳动者在职业活动中因接触粉尘、放射性物质和有毒有害物质等引起的疾病。各国法律对职业病的预防有明确规定，只有符合这些规定的疾病才被认定为职业病。在劳动过程中，劳动者可能因接触有毒化学品、粉尘、气雾、极端气候条件、压力变化、噪声、振动、微波、X射线、γ射线、细菌和霉菌，或长期处于强迫体位及局部组织器官持续受压等情况下，引发相关疾病。这类疾病被称为广义的职业病。政府相关部门根据危害程度、明确的诊断标准，并结合国家具体情况，公布特定的职业病清单。这些明确列出的职业病被称为狭义的职业病，也即法定职业病。

（二）职业病的分类

按照《职业病分类和目录》（国卫职健发〔2024〕39号），职业病分为12类。

1. 职业性尘肺病及其他呼吸系统疾病

职业性尘肺病及其他呼吸系统疾病主要包括：（1）尘肺病：包括矽肺、煤工尘肺、石墨尘肺、碳黑尘肺、石棉肺、滑石尘肺、水泥尘肺、云母尘肺、陶工尘肺、铝尘肺、电焊工尘肺、铸工尘肺等。（2）其他呼吸系统疾病：包括过敏性肺炎、棉尘病、哮喘、金属及其化合物粉尘肺沉着病（锡、铁、锑、钡及其化合物等）、刺激性化学物所致慢性阻塞性肺疾病、硬金属肺病。

2. 职业性皮肤病

职业性皮肤病包括接触性皮炎、光接触性皮炎、电光性皮炎、黑变病、痤疮、溃疡、化学性皮肤灼伤、白斑等。

3. 职业性眼病

职业性眼病包括化学性眼部灼伤、电光性眼炎、白内障（含三硝基甲苯白内障）。

4. 职业性耳鼻喉口腔疾病

职业性耳鼻喉口腔疾病包括噪声聋、铬鼻病、牙酸蚀病和爆震聋。

5. 职业性化学中毒

职业性化学中毒包括铅、汞、锰及其化合物中毒等58种化学物质中毒，及前述未提及的与职业有害因素接触之间存在直接因果联系的其他化学中毒。

6. 物理因素所致职业病

物理因素所致职业病包括中暑、减压病、高原病、航空病、手臂振动病、激光所致眼（角膜、晶状体、视网膜）损伤、冻伤。

7. 职业性放射性疾病

职业性放射性疾病包括外照射急性放射病、外照射亚急性放射病等12种放射性损伤，及根据《职业性放射性疾病诊断标准（总则）》可以诊断的其他放射性损伤。

8. 职业性传染病

职业性传染病包括炭疽、森林脑炎、布鲁氏菌病、艾滋病（限于医疗卫生人员及人民警察）和莱姆病。

9. 职业性肿瘤

职业性肿瘤包括石棉所致肺癌、间皮瘤等11种职业性肿瘤。

10. 职业性肌肉骨骼疾病

职业性肌肉骨骼疾病包括腕管综合征（限于长时间腕部重复作业或用力作业的制造业工人）、滑囊炎（限于井下工人）。

11. 职业性精神和行为障碍

创伤后应激障碍（限于参与突发事件处置的人民警察、医疗卫生人员、消防救援等应急救援人员）。

12. 其他职业病

其他职业病包括金属烟热、股静脉血栓综合征、股动脉闭塞症或淋巴管闭塞症（限于刮研作业人员）。

二、职业病危害的特点

在我国，有大量人群暴露在职业病风险之中，这些疾病不仅数量庞大，而且涉及多个行业，尤其是中小企业面临的职业健康问题尤为严重。职业病的流动性和危害转移现象也相当严重，由此造成的经济损失和社会影响都是深远的。具体来看，职业病具有以下几个显著特点：

首先，职业病的成因通常与从业人员在工作过程中长期接触到的化学、物理或生物性职业危害有关，或者受到不良的工作方法和恶劣工作环境的影响。这些因素可能以直接或间接的方式，单独或共同地对从业人员的健康造成影响。

其次，与突发事故或疾病不同，职业病的症状往往需要经过一个较长的潜伏期才能显现，表现为一种慢性的损伤。

再次，职业病通常表现为身体内部器官或功能的损伤，因此往往只有疾病表现而没有外部创伤。

最后，职业病造成的损伤通常是不可逆的，恢复的可能性很小。这使得职业病的预防研究显得尤为重要。通过增强从业人员的意识、改善工作环境和优化工作方法等管理措施，可以有效降低职业病的发病率。

三、职业病危害的影响

职业病危害对劳动者的健康以及社会发展有着长期且广泛的影响。

（一）健康影响

长期接触职业性危害，如化学物品、物理因素和生物因素，可能引发多种职业相关疾病。这些疾病包括但不限于尘肺病、职业性中毒、噪声引起的听力损失和肌肉骨骼问题等。长期暴露于职业风险不仅会损害从业人员的身体健康状况，还可能引发心理健康问题，例如焦虑和抑郁。职业病的出现往往伴随着工作能力的降低，对从业人员的日常生活和工作效率产生重大影响。

（二）经济影响

职业病的出现给患者及其家庭带来重大的经济压力。治疗费用、康复成本以及因疾病导致的收入损失，都会对患者的经济状况造成影响。此外，企业也面临着医疗费用、赔偿支出以及生产中断带来的损失。职业病的高发还可能对社会经济造成影响，增加社会保障体系的负担。

（三）社会影响

职业病的发生不仅对患者及其家庭产生影响，还可能对社会的稳定和谐造成冲击。由于健康问题，职业病患者可能无法继续工作，这可能导致失业率的上升。同时，职业病患者的存在也会引起社会对职业健康的关注，促使政府和社会各界加强对职业病预防和治疗的重视和投入。

第二节　建筑施工行业常见职业病危害因素及特点

一、建筑施工行业职业病概述

建筑领域涵盖了土木工程、建筑施工、管线与管道工程、设备安装以及装修等多个方面的建设活动。该行业拥有庞大的从业人员队伍，相关统计数据显示，2024年建筑业的从业人员数量约5962万，是职业病风险较高的群体。受工作流动性较强、受教育水平偏低、职业病防护意识较弱等因素影响，建筑施工行业从业人员职业健康保护问题较为突出。

（一）职业病危害因素种类繁多、复杂

在建筑施工行业中，职业危害因素的来源广泛且种类繁多，几乎包括了所有潜在的职业病风险类型。这些风险不仅包括了粉尘、噪声、放射性物质和各种有毒物质，还涉及在特殊环境下工作时可能遇到的风险，例如高空作业、密闭空间作业、极端温度下的作业（无论是高温还是低温）、高海拔地区的低气压作业以及水下作业的高压环境。这些工作环境往往要求从业人员承受较大的劳动强度、较长的工作时间，而且一个施工现场可能同时面临多种职业病风险因素，而不同的施工阶段也可能带来各自特有的危害因素。

（二）建筑施工行业职业病危害防护难度大

建筑施工行业包含多种工程类型，如住宅、城市基础设施、交通、通信、水利、铁路、金属冶炼、电力和港口等建设项目。施工可能在多种环境中进行，包括高原、海洋、水下、室外、封闭空间、城市、农村、荒地和疫区等。施工活动包含机械化和手工作业，涉及挖掘、隧道、爆破、砌筑、焊接、抹灰、涂装、喷砂、拆除及翻新等多种作业方式。鉴于工程和施工环境的广泛性，职业病的风险也呈现多样性，由于施工现场和条件的限制，应用有效的工程控制技术和设施常常遇到挑战。

二、建筑施工行业职业病危害因素分析

建筑施工行业常见的职业病有：（1）接触各种粉尘引起的尘肺病；（2）电焊工尘肺、眼病；（3）直接操作振动机械引起的手臂振动病；（4）油漆工、粉刷工接触有机材料散发的不良气体引起的中毒；（5）接触噪声引起的职业性耳聋；（6）长期超时、超强度地工作，精神长期过度紧张造成的相应职业病；（7）高温中暑等。必须全面识别施工过程中可能产生职业病危害的因素，这包括所有施工活动、现场人员的行为，以及物料、设备和设施的潜在风险。应指定具备资质的职业卫生技术服务机构，对各个施工阶段和岗位的危害因素进行全面的识别、监测和评估，以确定需要重点关注的危害因素和关键控制节点。

（一）粉尘

建筑施工中产生的粉尘种类繁多，主要包括矽尘、水泥尘、电焊尘和石棉尘等。这些粉尘主要来源于以下作业：

（1）矽尘：源自挖掘、平整、铺路、打桩、凿岩及碎石等土石方工程设备的操作，以及地下工程、隧道和竖井的开挖，还包括爆破和喷砂作业，以及旧建筑的拆除与翻修。

（2）水泥尘：在水泥的装卸、储存和使用过程中产生。

（3）电焊尘：由电焊作业过程产生。

（4）石棉尘：来自保温、防腐和绝缘工程，以及旧建筑的拆除和翻修。

（5）其他粉尘：木材加工产生的木尘、金属切割产生的金属尘、炸药使用后产生的三硝基甲苯粉尘、装饰作业中腻子粉产生的混合粉尘，以及使用石棉代用品产生的人造玻璃纤维、岩棉和渣棉粉尘等。

（二）噪声

建筑施工中产生的噪声主要分为机械性噪声和空气动力性噪声两大类：

（1）机械性噪声：主要由施工机械设备产生，包括凿岩机、钻孔机、打桩机、挖掘机、自卸车、挖泥船、升降机、起重机和搅拌机等。此外，混凝土破碎机、压路机、铺路机、沥青铺设设备以及各类电动工具如混凝土搅动棒、电动圆锯、刨板机、金属切割机、电钻、磨光机和射钉枪等在使用过程中也会产生噪声。其噪声源还包括构架、模板的装卸、安装、拆除、清理、修复以及建筑物拆除等作业活动。

（2）空气动力性噪声：由空气动力设备产生，涉及通风机、鼓风机、空压机、铆枪和发电机等作业。其噪声源还包括爆破和管道吹扫等操作。

（三）高温

建筑施工通常在户外进行，夏季高温天气对施工人员的影响尤为显著。部分施工活动，例如沥青制备、焊接和预热过程，会产生额外的热源，导致工作环境温度升高，带来高温作业风险。

（四）振动

在建筑施工领域，某些活动可能导致手部和全身振动伤害。手部振动主要来源于使用如混凝土插入式振捣棒、凿岩机、风钻、射钉枪、电钻、电锯和砂轮磨光机等手持动力工具。而全身振动则常见于操作重型施工设备和运输车辆，例如挖掘机、沥青铺设机、路面整平机、铺路机、压路机和打桩机等。

（五）密闭空间

建筑施工中，众多作业活动涉及密闭空间操作，这些包括但不限于排水系统（如管道和沟渠）、桩基结构（如螺旋桩和桩基井）、地下设施（如管道、烟道、隧道、涵洞）以及地坑和箱体等。除此之外，还包括通风条件不佳的工作环境，以及在安装密闭容器、反应塔或炉等设备时的作业。装卸建筑材料时涉及的船舱和槽车也属于此类高风险环境。

（六）化学毒物

建筑施工过程中可能产生多种有害化学物质，主要包括：

（1）爆破活动可能释放氮氧化物和一氧化碳。

（2）油漆和防腐工程可能释放苯、甲苯、二甲苯、四氯化碳、酯类、汽油等有机蒸气，以及重金属如铅、汞、镉和铬。

（3）防腐工作中产生沥青烟。

（4）涂料作业可能产生甲醛、游离甲苯二异氰酸酯（TDI）及金属毒物。

（5）建筑物防水工程可能涉及沥青烟、煤焦油、甲苯、二甲苯等有机溶剂，以及石棉和其他多种化学材料如阴离子再生乳胶、聚氨酯、丙烯酸树脂、聚氯乙烯、环氧树脂、聚苯乙烯等。

（6）电焊作业可能产生锰、镁、铬、镍、铁等金属化合物及有害气体如氮氧化物、一氧化碳、臭氧。幕墙施工

图3-1　动火作业

现场高空进行焊接、切割等易产生金属火花的施工作业时，下方应设置接火斗，并在里面铺设防溅的防火棉，接火斗的尺寸、位置应视现场风力、风向等实际情况实时调整，确保焊接产生的火花、焊渣全部落入接火盆内。动火作业后，看火人应对现场进行检查，并应在确认无火灾隐患后，动火操作人员再离开，如图3-1所示。

（7）地下储罐等密闭空间容易积聚有害气体，如硫化氢、甲烷、一氧化碳等，从业人员作业存在缺氧风险。

（七）其他因素

建筑施工领域涉及多样作业环境，环境可能对从业人员健康构成特定风险：

（1）紫外线作业：如电焊和高原地区施工，这些活动可能使从业人员暴露于较高水平的紫外线下。

（2）电离辐射作业：在放射性元素丰富的地区进行挖掘和地下建筑，以及使用X线和γ射线探伤时，从业人员可能接触到电离辐射。

（3）高气压作业：潜水、沉箱和隧道施工等，可能使从业人员处于高压环境。

（4）低气压作业：主要出现在高原地区施工。

（5）低温作业：如北方冬期施工，从业人员需要在低温条件下工作。

（6）高处作业：涉及使用吊臂起重机、塔式起重机、升降机，以及在脚手架和梯子上作业，如幕墙施工过程中用到的曲臂式高空作业车作业、汽车塔式起重机作业、直臂式高空作业车作业、云梯车作业、剪叉式高空作业平台作业。

（7）生物因素影响：在拆除旧建筑或在疫区施工时，从业人员可能接触到炭疽、森林脑炎、布鲁氏菌病、虫媒传染病和寄生虫病等生物危害。

以幕墙施工为例，幕墙施工主要工序包括骨架的安装、幕墙面板的安装、幕墙附件的安装。其中骨架的安装包括立柱、横梁等，以及骨架的焊接和防腐处理；幕墙面板的安装包括玻璃、铝板等，以及调整面板的水平和垂直度，打密封胶；幕墙附件的

安装包括窗户、把手、通风口等，调试附件，确保其正常运行。幕墙施工现场职业危害接触情况如表3-1所示。

表3-1 幕墙施工现场职业危害接触情况

序号	作业活动	职业病危害因素 （《职业病危害因素分类目录》）	职业病（《职业病分类和目录》）
1	高空吊装作业	噪声、振动、润滑剂、燃油等挥发的有害物质、高处作业	噪声聋、手臂振动病
2	幕墙骨架安装	弧光、石膏粉尘、高温、高处作业	电光性眼炎、尘肺、中暑
3	高空焊接、切割	弧光、电焊烟尘	电光性眼炎、电焊工尘肺
4	骨架防腐	有机溶剂、苯类、四氯乙烷、异氰酸酯等、粉尘、高温	苯中毒、接触性皮炎、尘肺、中暑
5	机械设备安装	噪声、高温、高处作业	噪声聋、中暑
6	电气设备安装	噪声、高温、高处作业、工频电场、工频磁场	噪声聋、中暑
7	手持电动工具	噪声	噪声聋
8	外加剂、油漆、胶水等	化学性皮肤灼伤、化学性眼部灼伤	化学物品使用造成的化学性皮肤灼伤、化学性眼部灼伤

第三节 职业病防控在建筑施工行业中的实践

一、建筑施工行业内职业病防控措施

职业病的预防和控制遵循"预防优先、防治并举"的原则，采取分类管理和综合干预措施。依法确保工作环境满足国家职业卫生标准，为从业人员提供必要的职业健康保护，并确保从业人员工伤社会保险的合法权益得到履行。

（一）配备有效的防护用品

企业应根据岗位工作需要，配备有效个人防护用品。所有进入施工现场的人员都必须佩戴安全帽。依据《建筑与市政施工现场安全卫生与职业健康通用规范》GB 55034—2022，针对涉及放射性、剧毒物质、有害粉尘等高风险工作的从业人员，必须完善职业健康档案和监护系统，定期提供专业医疗咨询。

架子工、塔式起重机操作人员、起重吊装工需穿戴便于操作的紧身工作服、防滑鞋和手套，以确保安全。信号指挥工则需穿着带有明显标识的服装，并在强光环境下作业时，配备相应颜色的防护眼镜以保护视力，如图3-2所示。

图3-2　有色防护眼镜

图3-3　电焊服和电焊手套

电工在工作时必须穿戴规定的个人防护装备，如图3-3所示。维修电工需穿戴绝缘鞋、绝缘手套，并着紧身工作服以确保灵活操作。安装电工作业时，应配备手套和防护眼镜以保护手部和视力。在进行高压电气作业时，必须穿戴符合标准等级的绝缘鞋和手套，并使用有色防护眼镜以增强眼部防护。

电焊工和气割工在作业时必须穿戴规定的个人防护装备，包括阻燃材质的工作服、绝缘鞋、鞋盖、电焊专用手套和焊接面罩以保护身体。在进行高空作业时，除了上述装备外，还需佩戴安全帽，且安全帽应与焊接面罩相连，同时系上阻燃安全带以增强安全保护。在清除焊渣的工作中，应使用防护眼镜以保护眼睛。磨削钨极时，除佩戴防护眼镜外，还需戴手套和防尘口罩以防止粉尘伤害。例如幕墙施工过程中，大量骨架安装涉及切割、电焊，一定要做好个体防护。

在处理酸碱等腐蚀性物质时，工作人员需穿戴专门的防腐蚀工作服、耐酸碱的胶鞋和手套，同时佩戴防护口罩和眼镜以保护呼吸系统和视力。若作业环境密闭或通风不足，必须使用送风式面罩来确保呼吸安全，如图3-4所示。

锅炉、压力容器及管道安装工作业人员必须根据作业环境配备适当的个人防护装备，包括紧口工作服和保护足趾的安全鞋，以确保基本的个人安全。在强光环境下作业时，需佩戴有色防护眼镜来保护眼睛。而在地下或潮湿环境中，除了紧口工作服外，还应穿戴绝缘鞋和绝缘手套以防止触电风险，如图3-5所示。

图3-4　空气呼吸器

图3-5　安全鞋

油漆工在涂刷和喷漆作业时，必须穿戴防静电服装、防静电鞋和手套，同时使用防毒口罩和防护眼镜。在进行打磨作业时，应更换为防尘口罩和密封性更强的防护眼镜，以抵御产生的粉尘和碎片，如图3-6、图3-7所示。

普通从业人员在进行淋灰和筛灰作业时，必须穿戴高腰工作鞋、鞋盖、手套，佩戴防尘口罩以防止粉尘吸入，同时需要防护眼镜以保护眼睛。在搬运物料时，使用垫肩以减轻肩部负担。进行人工挖扩桩孔井下作业时，穿戴雨靴、手套，并系上安全绳以确保职业健康。拆除工程中需穿戴保护足趾的安全鞋和手套以防止受伤。

磨石工在作业时必须穿戴紧口工作服以避免物料污染，穿戴绝缘胶靴和绝缘手套以防止电气危险，同时佩戴防尘口罩来降低吸入粉尘的风险。

防水工在执行不同作业时应穿戴相应的个人防护装备。进行涂刷作业时，需穿戴防静电服、鞋和鞋盖，同时使用防护手套、防毒口罩和眼镜。在沥青熔化和运输作业中，应穿着防烫服、防滑的高腰布面胶底鞋和鞋盖，佩戴工作帽、耐高温长手套、防毒口罩和防护眼镜以抵御高温和有害气体，如图3-8所示。

钳工、铆工和通风工在进行各项作业时，必须穿戴个人防护装备。使用锉刀、刮刀、錾子和扁铲等工具时，需穿戴紧口工作服和防护眼镜。进行剔凿作业时，应佩戴手套和防护眼镜以防止飞溅。搬抬作业要求穿戴保护足趾的安全鞋和手套，以减少受伤风险。在操作石棉、玻璃棉等含有粉尘和有毒物质的材料时，应穿戴防异物工作服、防尘口罩、风帽、风镜和薄膜手套，以防止吸入有害物质。

在进行电梯和起重机械的安装、拆卸及维修工作时，从业人员必须穿戴紧口工作服、保护足趾的安全鞋以及手套，以确保自身健康。

操作电钻、砂轮等手持电动工具时，工作人员需穿戴绝缘鞋和绝缘手套，以防止电气危险，并佩戴防护眼镜以保护眼睛免受飞溅物的伤害。在机械设备作业中，若存在渣屑飞溅风险，同样必须佩戴防护眼镜。

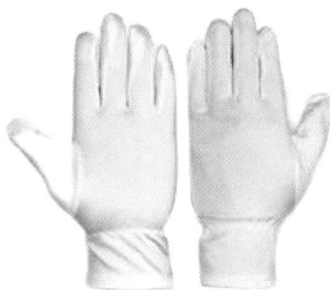

图3-6 防静电手套

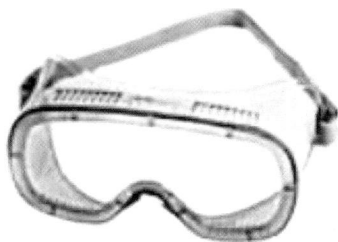

图3-7 防尘眼镜

图3-8 防毒口罩

特殊环境作业人员，必须根据具体环境配备相应的个人防护装备。在高噪声环境中，应使用耳塞、耳罩或防噪声帽来保护听力，如图3-9所示。进行地下管道、井、池等检查和检修作业时，需穿戴防毒面具、防滑鞋和手套以防滑倒和中毒。在有毒或有害环境中，应配备防毒面罩或面具以防止吸入有毒气体。冬期施工或低温环境下，应提供防寒服等保暖装备，如图3-10所示。雨期施工时，室外作业人员应穿戴雨衣和雨鞋，以保持身体干燥，如图3-11所示。

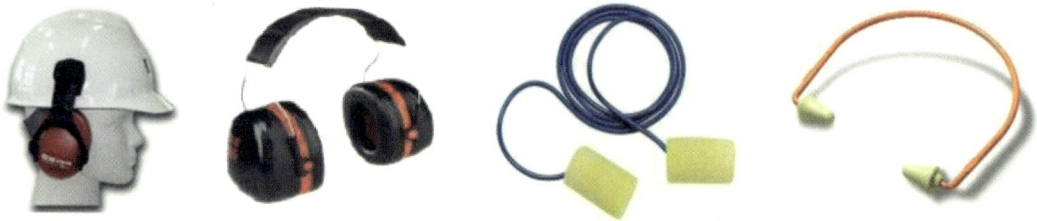

图3-9　耳罩和耳塞

图3-10　冷环境防护服　　　图3-11　职业防雨衣

（二）选择低危害或无害的建筑材料、施工设备和工艺

积极推动并采用有益于职业病预防和提升劳动者安全系数的创新技术、工艺和材料，同时限制或逐步淘汰那些对职业健康影响严重的旧技术、工艺和材料。提供专职人员监管各在建项目的职业健康和劳动保护状况，强化对从业人员的职业病预防教育，普及相关知识，增强从业人员的自我保护意识。对于在职业病防治方面取得突出成绩的团队和个人，予以奖励。

将职业病防护设施的相关费用作为工程预算的一部分，并保证这些设施与工程的规划、施工和使用同步进行。

（三）提供有效的防护措施和教育培训

完善职业卫生管理制度、操作流程、健康档案以及监测评价体系，以保障从业人员职业安全卫生。制定详细的职业病危害事故应急救援计划，聘请专业人员负责职业病的预防和管理，做到尽早发现，尽早采取措施。

为从业人员提供高效的防护设施和符合预防职业病标准的工具。在施工工地最醒目的位置设置公告板，公示职业病防治的相关规定、操作程序、应急预案以及工作场所的职业病危害信息。对于存在急性职业伤害风险的有毒有害环境，设置明显的警示标识，并在工地配备必要的急救物资、冲洗设施和紧急疏散通道。

定期对职业病防护设备、应急救援设施及个人防护用品进行维护和检测，确保其始终处于良好状态，严禁擅自拆除或停用。一旦发现作业环境不符合国家职业卫生标准，立即采取改进措施，达到标准后再恢复作业。告知施工人员材料的潜在危害、安全使用指南及应急处理方法。

在签订劳动合同时，用人单位应向从业人员明确告知可能遭遇的职业病风险、防护措施及相关福利，并在合同中明确规定，确保信息透明。根据"三级教育"原则，对从业人员进行职前及在职期间的职业卫生教育，强化职业卫生知识，确保从业人员遵守相关法律法规，并正确使用防护设备。对于接触职业病危害的从业人员，公司应按规定安排职前、在职和离职时的健康检查，并如实通报检查结果。

（四）落实从业人员职业健康检查

实行全面的职业健康检查制度，涵盖健康检查和健康监护档案管理；建立和完善职业健康监护体系，确保相关工作得到有效执行；定期为接触职业病危害的从业人员安排体检，且体检期间从业人员享有正常出勤待遇。

严禁安排有职业禁忌的从业人员从事相关工作，不聘用未成年工从事有害作业，不安排孕期和哺乳期人员从事对母婴有害的工作。对接触职业病危害因素的从业人员，公司应安排对其定期进行健康检查，并将结果及时、准确地通知他们。一旦发现存在职业禁忌或相关工作相关的健康问题，迅速调整其工作岗位。建立并维护从业人员职业健康监护档案，按规定妥善保管。从业人员有权查询和复印自己的职业健康监护档案。

二、相关配套防控措施介绍

（一）尘肺病预防控制措施

在建筑施工领域，针对保温工、隔墙板工和砂浆罐操作工等岗位，必须采取关键的粉尘控制措施。优先考虑使用低粉尘或无粉尘的工艺与设备，在施工设备上安装局部排风和喷淋系统以直接控制粉尘源。根据粉尘特性，为从业人员提供合适的呼吸防护装备，并确保定期更新，降低粉尘暴露风险。

1. 施工现场的扬尘控制措施

粉尘污染通常源自几个关键环节：材料运输与存放时的粉尘释放、施工道路的清洁工作以及建筑废料和渣土的搬运过程。这些活动可能导致细小颗粒物扩散到空气中。具体控制措施有施工现场围挡、硬化场地等，如图3-12所示。

施工现场必须沿周边连续搭建围墙或围栏，并确保底部密封以防泥浆泄漏。围墙围栏需设计得坚固、稳定，同时保持外观整洁和美观。在主要道路区域，围墙的高度应至少为2.5m；而在一般路段，围挡的高度不低于1.8m。根据现场的具体条件和规定，围挡上方可装备喷淋系统以满足施工需求。

脚手架外围必须安装阻燃型安全网，并确保网与网之间连接牢固，形成密封防护。安全网需与脚手架结构紧密固定，以提供必要的安全保障。悬挑架的底部应实施全封闭处理，确保整体结构既安全又具有美观性。

施工现场入口、主要通道、材料存放区及加工区域需通过混凝土等材料进行硬化，确保现场地面坚固耐用；保证现场排水系统顺畅，避免积水问题；对于易产生扬尘的细小建筑材料，如水泥、粉煤灰、灰土和细砂石等，应采用密闭存储或覆盖方式控制扬尘；砂浆桶应使用标准化材料制作，确保可吊运和重复使用，其设计应顶部全封闭，底部装有可及时关闭的活动门；非施工区域的裸露地面或长时间存放的土堆，应使用防尘网或仿真草皮等材料进行覆盖，如图3-13所示。

图3-12　施工现场围挡

图3-13　施工现场的扬尘控制措施

建筑工地需指定专职保洁人员，负责车辆的清洗、清扫及日常保洁任务，如图3-14所示。工地进出口应设有专用的车辆冲洗区，并安装高压冲洗机械。冲洗区周围应配备排水系统和三级沉淀设施，以确保水体不受污染。

运输车辆必须具备完备的手续和有效的防漏措施。在离开工地前，车辆必须经过彻底冲洗，确保轮胎和车体不会携带泥土，避免造成环境污染。

图3-14 专职保洁人员负责清洗和清扫工作

施工现场配备洒水车，建立洒水清扫降尘制度，基础土方施工区域积极应用移动式降尘雾炮、高压降尘水炮及喷淋联动系统等设备控制扬尘，喷淋系统主要采用外架喷淋、场地喷淋等，如图3-15所示。

扬尘监测一般通过两种方式进行：传统的目测法依赖于人工观察，因具有主观性且缺乏量化指标，在施工现场并不被普遍采用。相对而言，仪器测量法利用专业设备对空气中的悬浮颗粒进行测定和分析，提供具体的扬尘污染指数，从而实现对扬尘状况的更准确评估。

此外，通过安装扬尘在线监测系统，可以实时监控扬尘情况，并具备预警和报警机制，可提高施工现场对扬尘污染的响应和管理效率。

图3-15 扬尘监测

施工现场设置密闭式垃圾存放点，按规定及时清运，并严格落实垃圾分类制度。建筑物内的施工垃圾清运采用密闭式容器调运、装袋扎口清运、小车推运等方式及时清运，清运时采取适当洒水等措施减少扬尘。

2．各工作岗位的防尘措施

（1）采取不产生或少产生粉尘的施工工艺、施工设备和工具，淘汰粉尘危害严重的施工工艺、施工设备和工具。

（2）采用无危害或危害小的建筑材料。不使用石棉、含有石棉的建筑材料。

（3）采用机械化、自动化或密闭隔室操作。如挖土机、压路机等施工机械驾驶室或操作室密闭隔离，在进风口设置滤尘装置。

水泥及其他易产生扬尘的细微建材应存放于仓库或密封容器中，并采取覆盖等有效防尘措施。在必须现场搅拌的特殊情况，应实施封闭式搅拌作业，并严格执行降尘措施以控制粉尘。

（4）采取湿式作业。在施工现场，如进行基坑挖掘、砂浆制备及切割、钻孔、凿槽等活动时，易引发粉尘。为此，应实施喷雾或湿法作业等降尘措施。例如，使用湿式凿岩机械和水封爆破技术，以有效控制粉尘的产生。

建筑工地规定，占地面积5000m^{2}及以上的工程，需至少配备一台风送式喷雾机和一台喷雾洒水车。喷雾机能有效抑制扬尘，其作业效率是标准洒水车的30倍。喷雾机通过高压风机将水箱中的水雾化成微米级细小颗粒，这种水雾的吸附能力是普通水流的3倍，同时将水耗降低至原来的30%。

在空气质量不佳，特别是尘埃粒子浓度过高的情况下，喷雾机能够在指定区域进行精准的液雾降尘，有效分解和稀释空气中的颗粒物，促使污染物和尘埃快速沉降，实现空气的净化。

（5）安装区域性的防污染设备和清洁排放系统。例如，焊接工具配备有吸风装置的紧凑型粉尘清除器；在岩石破碎机和钻探设备上安装粉尘收集装置。

（6）在进行施工活动时，工作人员应选择在风的上游方向进行操作。

（7）在进行建筑拆除或维修工作时，如果涉及石棉材料的区域，应当设置明确的警示标志，并且不允许未经授权人员进入。

3．个人安全措施

确保所有岗位人员持有有效资格证书，为施工现场从业人员分发防尘口罩，避免从业人员加班超时。根据粉尘的类型和含量，为从业人员提供合适的呼吸保护设备，并确保定期更新。在拆除建筑物时，如果存在接触含石棉材料的风险，应为相关从业人员配备正压式呼吸器和防护屏。对于直接接触粉尘的人员，特别是接触石棉粉尘的人员，应开展戒烟或控烟的培训。

4．检查措施

在检查项目工程安全的同时，对从业人员的作业环境进行扬尘防护检查，确保个人扬尘防护措施的落实，至少每月检查一次。同时向施工人员提供减少扬尘的操作方法和技巧。

（二）电焊工尘肺、眼病的预防控制措施

建筑施工行业很多工作，如幕墙施工，需要在高空安装骨架，涉及动火电焊、切割作业，对于电焊工尘肺、眼病的控制措施如下：

（1）工作区域安全措施：确保电焊作业人员拥有通风条件良好的工作环境。

（2）个人安全措施：电焊作业人员必须持有相应的资格证书，工作时应佩戴有害气体防护口罩和眼部防护装备，避免违规操作。

（3）监督措施：审核项目工程安全时，对工人作业场所的通风状况、个人防护用品的佩戴情况进行检查，确保执行8h工作制度，并及时纠正违规操作。

（三）电焊工、气焊工弧光辐射的预防控制措施

建筑领域常涉及户外工作，夏季阳光中的紫外线和红外线对工人构成潜在风险，这些辐射主要来自高温作业，例如金属加工的加热炉、玻璃幕墙的焊接和切割作业。

（1）应使用自动化或半自动化焊接机械，增加操作人员与辐射源间的安全距离。

（2）在紫外线辐射区域，应设置不透明或半透明隔板，与其他工作区隔离，并限制非工作人员进入，以减少对其他工人的紫外线暴露。

（3）电焊工人应装备专业面罩、护目镜、防护服和手套。为防止眼睛受到电弧光的伤害，焊工在工作时必须佩戴带有定制护目镜片的面罩。根据焊接电流的大小和个人的视力状况，可以选择适当的滤光镜片。同时，为避免皮肤受到弧光灼伤，焊工在作业前应穿戴完整的工作服、手套和鞋套。

（4）在高海拔地区工作时，应配备玻璃或塑料材质的安全眼镜或护目镜，以及穿着覆盖手臂和腿部的长袖衣物和长裤。

（四）手臂振动病的预防控制措施

建筑企业中，手臂振动病常见于外墙隔热施工和混凝土浇筑等工种。作业现场需布置职业病预防警示牌，操作机械的从业人员应持有相应的操作证书，并且应穿戴专用的防振手套。

（1）加强施工技术、机械及工具的升级和改良。尽量减少手持气动工具的使用；

推广自动化或半自动化的操作系统，以减少手部和身体直接与振动源接触；采用液压、焊接、粘合等方法替代气动工具的铆接工作；使用化学方法进行除锈，代替机械除锈。

（2）将气动工具的金属部分替换为塑料或橡胶材质，或增加缓冲材料，以降低撞击造成的振动。提升工具握把的温度，优化压缩空气的进出方向，防止手部受到冷风的直接吹袭。

（3）手持振动设备应装配减振手柄，从业人员应穿戴减振手套。对于挖掘机等机械的驾驶舱，应安装减振系统。

（4）减轻手持振动工具的重量，优化工具的握持姿势，防止固定姿势造成的身体压力，降低肌肉负担和精神紧张；避免长时间保持手臂上举的振动作业姿势。

（5）实施轮班工作制度，减少从业人员接触振动的总时长，增加工作间隙的休息次数和时长。在冬季，还应重视保暖措施。

（五）中毒的预防控制措施

（1）优先选择无害或低毒性的建筑材料，减少使用有害或高毒性材料。例如，优先选择水性环保涂料，用锌钡白或钛钡白替代含铅颜料，选用低毒焊条替代高毒焊条，尽量减少有害材料的使用。

（2）采用减少化学毒物暴露的施工方法，如在涂漆作业中使用刷涂或滚涂代替喷涂，以及在高毒性作业环境中使用机械自动化或封闭操作，减少直接接触。

（3）安装有效的通风系统，以降低有机溶剂、稀释剂、涂料和其他挥发性化合物的浓度。

（4）在有毒物品作业区设置警示线、标志和中文警示说明，明确指出职业中毒的危害类型、后果和预防措施。

（5）为接触挥发性有毒化学品的从业人员提供防毒口罩或面具，以及为接触可能经皮肤吸收或具有刺激性、腐蚀性的化学品的从业人员提供防护服、手套和眼镜。

（6）对接触有毒化学品的从业人员进行职业健康培训，提高他们对化学品毒性和危害的认识，了解防护措施。

（7）定期监测和评估工作场所的化学毒物，并记录结果，向相关部门备案，并向从业人员公开信息。

（六）职业性耳聋的预防控制措施

在建筑工地设置职业健康警示标志，对高噪声机械进行定期维护，以降低噪声水平；向施工人员提供听力保护耳塞，并实施轮班制度，避免超时工作。

（1）优先选择低噪声的施工机械和工艺，替代噪声较大的设备和方法。例如，采用低噪声混凝土振动器、风机、电动压缩机和电锯；使用液压和焊接技术替代传统的锻压和铆接；采用液压钻和电动钻替代气动钻和手持钻；在物料搬运过程中，减少落差和冲击。

（2）对噪声较大的施工机械实施隔声、消声和减振措施，以隔离噪声源和操作人员。例如，在气动机械和混凝土破碎机上安装消声器，在设备排风系统中安装消声器，并在机器运行时关闭盖子；对于固定的高噪声设备，建立隔声控制室。

（3）减少高噪声作业点的集中度。

（4）在噪声水平超过85dB的施工区域，为从业人员提供高衰减值且佩戴舒适的耳部防护装置，缩短噪声作业时间，并执行听力保护计划。

（七）高温中暑的预防控制措施

在炎热季节，应为从业人员提供充足饮用水、绿豆汤和防暑降温药品及设备；同时，减少工作时长，特别是中午的休息时间应适当延长。具体的防暑措施包括：

（1）在夏季高温期，应合理安排工作和休息时间，规避高温时段的户外作业。严格限制工人加班，缩短工作时间，确保工人有足够的休息和睡眠。

（2）减轻从业人员的体力劳动，实施轮班工作制度，增加休息频率和时长。例如，实施短周期轮班，增加休息次数，延长午休，减少在炎热时段的户外工作。

（3）通常在气温超过37℃时，应暂停所有施工活动。

（4）所有机械设备和运输车辆的驾驶室应配备空调设施，如图3-16所示。

（5）进行密闭容器如罐体或反应釜内部作业时，必须实施通风和冷却措施以确保适宜的工作环境。

（6）在施工场地周边应配备休息区和淋浴设施，休息区应装备空调设备或风扇以提供凉爽环境，如图3-17所示。

（7）在夏季酷热时节，应向从业人员供应含电解质的冷饮，饮料温度需控制在15℃以下，以帮助降温和补充流失的盐分，如图3-18所示。

  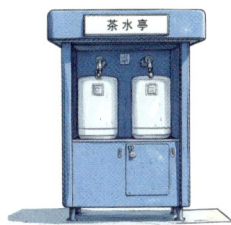

图3-16 风扇和风机　　图3-17 休息亭　　图3-18 饮水点

（8）从事高温作业的从业人员需要定期接受职业健康体检，如若检查中发现不宜从事高温工作的健康问题，应及时调整工作岗位。

（八）长期超时、超强度工作及精神紧张的预防控制措施

（1）工作场所的防护：通过提升自动化水平来降低从业人员的体力劳动，确保从业人员享有优质的居住、休息和休闲设施，同时加强工地的规范管理。

（2）个人防护：避免无计划地赶工，确保即使在紧急情况下也有足够人手进行轮班，实施8h工作制度，按时支付工资，以维护从业人员的情绪稳定。

（3）监督措施：确保从业人员的劳动强度保持在合理范围内，维持工地的良好秩序，控制工作时间不超过规定标准，并监督工资及时发放。

思考题

1. 建筑施工现场存在哪些职业病危害因素？
2. 建筑施工现场存在哪些法定职业病类型？
3. 建筑施工现场不同类型工人应如何选配个人防护用品？
4. 建筑施工现场的粉尘如何控制？

第四章　心理健康与疾病预防处理

导学

作为建筑施工行业的主力军，从业人员心理健康关系着施工单位的生产经营和发展。心理健康管理与生理健康处于同等重要地位，要不断强化对心理健康的认识并正视心理健康问题。本章旨在通过讨论从业人员心理健康的必要性、典型心理现象及原因分析以及优化从业人员心理健康服务等，加深从业人员的认知与理解，保障其心理健康。

第一节　心理健康的价值遵循

保障从业人员心理健康有利于优化劳动力结构、加快行业改革、推动产业升级，推动我国从建筑业大国向建筑业强国转变。强化建筑施工行业从业人员心理健康建设，能够有效提升队伍的整体水平。为此有必要首先明确心理健康的价值遵循，这有助于提升从业人员对心理健康工作的重视程度，为进一步认识理解心理健康问题、开展心理健康教育提供依据和支撑。

一、以党和国家方针政策为指导

近年来，国家卫生健康事业取得显著成绩。我国居民主要健康指标总体优于中高收入国家平均水平。然而，快速的工业化、城镇化、人口老龄化、生态环境及生活方式变化等，也给人们的健康带来挑战。健康服务供给总体不足与人民群众多样化需求不断增长之间的矛盾逐渐显现，经济社会发展与人民身心健康的协调性亟待增强。加强心理健康服务，健全社会心理服务体系是提高公众心理健康素养的关键措施，也是培养良好道德风尚、促进经济社会协调发展的基本要求。党和国家高度重视社会心理服务体系建设工作。2016年8月，习近平总书记在全国卫生与健康大会上指出，要做好心理健康知识和心理疾病科普工作，规范发展心理治疗、心理咨询等心理健康服务。同年10月，《"健康中国2030"规划纲要》要求加强心理健康服务体系建设和规范化管理。2017年1月，中华全国总工会等22部委联合下发的《关于加强心理健康服务的指导意见》指出，建立全民心理健康服务体系。建立健全心理健康服务体系成为保障和改善民生、推动经济社会发展的重点任务。近年来，各地区各部门从搭建服务平台、拓展服务领域、建立专业化服务队伍等方面进行了积极探索，为加强心理健康服务，健全心理服务体系奠定了基础。

二、以从业人员队伍心理建设为重点

伴随着常见精神障碍和心理行为问题人数逐年增多，个人极端情绪引发的恶性事件也时有发生。保障建筑工人的获得感、幸福感和安全感是构建知识型、技能型、创新型建筑工人大军的必要条件。为此，要进一步加强对建筑工人的服务水平，满足其对于心理健康服务的需要。对于建筑工人而言，常年在外参与工程建设，施工工期紧、技术要求高、施工环境复杂以及与家人分居等原因，导致从业人员在日常工作中可能会产生焦虑、紧张、郁闷、抑郁以及偏执等不良情绪和一般心理问题。这些问题如不能及时处理，不仅会影响从业人员的工作能力，而且还会将负面情绪带入到工作中，进而容易引发事故。然而，当前人们对于心理问题仍具有病耻感，缺乏防治知识和主动就医意识，并且对于精神障碍和心理问题的认知率比较低。这些问题迫切要求人们提高对于心理疾病的理性认知。提高从业人员心理素质具有心理学基础。以往研究已证实，从业人员心理健康不仅能够提高生活质量，还具有增强职业效能感、促进和谐劳动关系、形成良好企业文化等诸多益处。

此外，对从业人员的心理健康服务，能够提升其心理素质，进而形成良好的工作氛围。从业人员心理健康服务能引导其形成主动的人生观。加强心理健康服务，开展社会心理疏导，是维护和增进人民群众身心健康的重要内容，是社会主义核心价值观内化于心、外化于行的必然要求。

三、以维护从业人员合法权益为核心

我国正处于经济社会快速转型期，人们的生活节奏明显加快，竞争压力不断加剧，个体心理行为问题及其引发的社会问题在各行业都需要引起重视。截至2021年年底，中国登记在册的重性精神障碍患者有660万。[①]这项数据一方面反映出，心理行为

---

① 刘昶荣. 我国660万登记在册的重性精神障碍患者，90%以上得到了照顾治疗［N］. 中国青年报，2022-06-17.

异常和常见精神障碍人数呈现增多趋势，成为影响社会稳定和公共安全的危险因素；另一方面也从侧面反映出，心理健康服务体系仍需要进一步优化加强、心理疏导工作机制还需体系化、服务能力亟待提升。

建筑施工行业同样需要提高对产业工人心理健康问题的关注。这是维护从业人员合法权益的重要举措，不仅有助于改善并提升工人生活质量，同时也有助于形成良好的施工环境，减少安全隐患。首先，对于建筑工人的心理状况需要具体分析，并进行分层分类管理。针对比较典型的心理现象，如逞能心理、逃避心理、侥幸心理和麻痹心理等，需要加强指导，教育提醒。而心理压力和困扰导致的睡眠障碍、焦虑、抑郁等问题，则需要通过体系化的心理健康服务，帮助从业人员以健康的心理状态处理工作和生活中的挑战。其次，保障从业人员心理健康能够提高企业的工作效率。当心理压力超出负荷时，会表现出注意力不集中、记忆力减退、反应变慢等问题，严重时可能危及生命财产安全。最后，心理健康服务能够调整从业人员心理状态，提升工作效率，也能减少因心理问题导致的突发性事件。

第二节　典型心理现象及原因分析

建筑施工行业具有典型的高处作业多、露天作业多、手工劳动及繁重体力劳动多、立体交叉作业多和人员流动性大等特征。这意味着建筑施工行业从业人员的心理状态在很大程度上与建筑行业长时间的工作、重复性劳动和工作场所的安全隐患等压力息息相关。因而，对产业工人的心理分析与其他行业具有差异性，需针对具体问题进行具体分析。

一、建筑产业工人心理状况分析

建筑施工行业从业人员心理健康表现与其行业自身特征有着密切关系。艰苦的工作环境、高强度的体力劳动和较强的工作流动性等，都会对产业工人的心理造成影响。为此，有必要系统梳理其心理现象并进行分析。具体而言，建筑施工行业从业人员典型心理现象包括以下几个方面：

（一）麻痹心理

麻痹心理表现为自我安全意识差，凭经验行事。由于任务繁重，时间较紧，因而放松安全要求；对安全工作的重要性缺乏正确的认识，粗心大意，满不在乎，马虎凑合等。在这样的心理状态支配下，一些从业人员作业时不遵守安全规章制度，不注意可能会出现的异常情况，当突然出现异常情况时，由于没有心理准备，就会心慌意乱，不能采取有效措施，最终导致事故的发生。

（二）侥幸心理

侥幸心理表现为不严格执行安全工作规程，违章指挥，违章作业，监护不到位，责任心不强，把事故的偶然性、随机性绝对化，认为安全事故不会发生在自己身上。这种心理现象之所以产生，并非完全因为从业人员不懂安全操作流程、缺乏安全知识，而是明知故犯，认为违规不一定出事、出事不一定伤人、伤人不一定伤己。人民数据研究院的《建筑业劳务用工现状大数据分析报告（2021）》显示，建筑业劳务工人持证上岗率不高，建筑业土建类、安装类工人无证上岗率分别为48%、43%；特殊类/其他、管理类工人无证上岗率分别为32%、20%。施工作业人员的侥幸心理和现场管理人员的熟视无睹，是事故发生的根本原因。

（三）逃避心理

逃避心理是指工人在作业中尽量减少能量支出，能省力就省力，能将就凑合就将就凑合的一种心态，具体表现为不想干、不愿干、摆脱、躲避等。逃避心理反映出工人因工作环境、工作强度或其他原因而感到压力和不满，从而选择逃避工作，如偷懒、拖延工作进度、故意降低工作效率等方式来逃避工作。逃避心理可能会导致工作质量下降，甚至可能引发事故。

（四）赶任务心理

赶任务心理表现为急于完成任务，盲目加快操作速度，轻视安全，加快生产等。由于项目具有进度要求，如果工人不能按时完成工作，可能会对整个项目进度造成影响。为了赶工期，工人很可能出现这种心理。此外，部分工人可能存在追求高额奖金和自我表现欲望，将规章制度抛在脑后，盲目加快操作进度。

（五）逞能心理

逞能心理表现为自以为是、盲目操作、逞能蛮干等。一些建筑从业人员自制能力弱，为了表现自己，常做出一些冒险的举动，导致一些本来不该发生的事故发生。此外，薪酬与职业发展密切关联的激励体系也已经逐步建立，有企业建立起针对技术工人的补助性津贴制度，提高技术工人津贴水平。部分工人可能为了获得更多津贴和奖励，进而产生逞能心理。

（六）逆反心理

逆反心理表现为不接受正确的、善意的指导、规劝和批评，坚持其错误行为，或对某些事物存在偏见、对抗或抵触等。逆反心理具有极大的危害性，往往会影响管理制度的执行，影响施工单位和从业人员之间的关系，使规章制度难以贯彻。

（七）省能心理

省能心理表现为嫌麻烦、图省事，总想以最小的代价取得最好的效果等。在这种心理支配下，往往把施工过程中必要的规章制度认为是其实现目标的障碍，尤其是在生产任务紧迫和眼前利益的诱使下，出现高空抛掷建筑垃圾、安全防护措施不到位等。这些草率行为断送了许多人的性命。

（八）从众心理

从众心理表现为个体在群体压力下认知、判断、信念与行为等方面自愿与群体中多数人保持一致。工人队伍在日常工作和交往中逐渐形成这种群体。这些群体有正式规定和约定俗成的非正式规定。如果不按照群体的规定行事，就会感到有一种精神压力，容易出现在团体的压力下随大流做出错误的判断。

（九）心理障碍

建筑施工行业人员的心理障碍主要表现为工作压力大、焦虑、抑郁、孤独感、自卑等。由于建筑施工行业的工作特点，从业人员常常需要长时间在工地上工作，面临高温、噪声、粉尘等危害因素，同时还要承担工作安全、工程进度、质量等方面的压力。这些因素可能导致从业人员出现身体和心理上的疲劳，出现焦虑、抑郁等情绪问题。此外，建筑施工行业人员的社交圈子相对较小，与同事和上下级之间产生矛盾和冲突后，可能导致孤独感和自卑情绪出现。这些心理疾病不仅影响从业人员的身心健康，还可能影响工作效率和工程质量。

二、建筑施工行业从业人员心理问题成因

建筑施工行业从业人员心理变化和健康状况与整体外部环境、工作场所和家庭生活等息息相关。外部环境包括国际和国内的发展变化，属于宏观层面因素。职场层面因素主要指组织对于从业人员心理产生的影响，涉及薪酬高低、工作满意度、业绩压力、安全保障与职业倦怠等，属于中观层面因素。家庭生活层面包括生活成本、亲子沟通、夫妻关系、社会关系等，属于微观层面因素。

（一）宏观因素：国内国际的发展变化趋势

从宏观来看，为保障从业人员心理健康，需要构建和谐稳定的外部环境。然而，国内国际均面临着深刻变化，对企业和从业人员产生了显著影响。第一，从国际角度来看，世界格局多元化、复杂化和不稳定性给各国经济带来较大影响。此外，建筑行业市场竞争激烈，人才短缺和技能水平较低等现实，也增加了建筑行业内部的复杂

性，在客观上影响着建筑工人队伍的整体发展水平。第二，从国内角度来看，随着行业竞争时代的到来和新发展理念提出的要求，诸多产业亟待通过转型升级实现高质量发展。建筑业当前人口红利丧失较为明显，但人才红利尚未充分挖掘。第三，工人整体技能素质与构建"知识型、技能型、创新型"建筑产业工人大军的要求还存在差距。面临着技能更新、竞争压力和职业发展的不确定性等因素，建筑工人可能会由此产生负面情绪与心理压力。第四，从业人员获取信息的方式愈发便捷，资讯传播速度和广度也日益提升，与此同时，负面的、误导性的、碎片化的信息也随之扑面而来。数字化和智能化的进步不仅扩大了从业人员的视野，同时也对从业人员的思维产生较强烈的冲击。

（二）中观因素：工作场所的多元影响要素

当前，我国的经济已由高速增长转向高质量发展。工作场所变化增加了工作的不确定性，从业人员的薪酬、工作压力、权益保障等问题凸显。第一，当前建筑行业正在推进转型升级，不断从劳动密集型向"智慧工地""装配式建筑""信息化管理""数字化赋能"转型。企业转型升级势必会造成部分低收入群体的产生。这些人群面临养家糊口的难题，由此可能产生心理健康问题。第二，高强度的体力劳动、艰苦的工作环境和缺乏沟通和反馈机制等，同样容易降低建筑工人的工作满意度。此外，当从业人员的职位晋升、技能提升、家庭生活、内心需求等无法得到满足时，也会对工作产生消极抵触情绪。第三，建筑产业工人群体的强流动性和弱归属性使得建筑工人对企业缺乏归属感和荣誉感，容易出现工作倦怠。第四，职业病害的潜在影响巨大。根据《建筑行业职业病危害预防控制规范》GBZ/T 211—2008，建筑业施工过程中主要存在的职业病危害因素包括：水泥尘、电焊尘、石棉尘等粉尘；钻孔机、打桩机、推土机、挖土机、起重机等发出的噪声；夏天天气炎热以及沥青等热源加剧的高温；混凝土插入式振捣棒、电锯、砂轮等形成的振动；反应塔（炉）、建筑材料装卸的船舱等密闭空间；爆破产生的氮氧化物、油漆产生的甲苯、沥青产生的沥青烟等化学毒物；紫外线作业、电离辐射等。长期在建筑施工环境中生活和工作的劳务工人，易出现尘肺病、噪声聋、中暑、职业性手臂振动病、腰椎损伤等症状，进而引发焦虑、抑郁等心理疾病。

（三）微观因素：家庭生活的潜移默化作用

从业人员个人及其家庭因素是影响心理健康水平的重要指标，可以具体化为以下内容：第一，心理健康素养与情绪稳定程度。心理健康素养是指人们综合运用心理健康知识、技能和态度，保持和促进心理健康的能力。具有较高心理素养的从业人员，其情绪稳定程度也较高。工作中，冷静应对及时调整情绪波动才能妥善解决问题，倘若始终沉浸在较强的情绪波动中必然会对从业人员的工作与生活造成不利影响。第二，生活环境。家庭是一个人心灵的港湾，若没有和睦的家庭支撑，心理问题往往很难得到化解，家庭矛盾也更容易加重从业人员的心理负担。主要影响要素表现为从业人员的夫妻关系、子女情况、赡养父母等方面。此外，心理健康还表现在与同事和朋友的交往过程中。良好的同事关系和朋友关系都是重要的人际脉络和社会支持来源。第三，从业人员对社会与自身的评价也影响着心理健康，并且这一趋势表现愈发明显。部分从业人员受到以物质财富作为人生价值评判标准的价值观影响，产生了攀比虚荣的心态。这种心态会影响个人的人生定位并增加精神压力。当人们缺乏正确认识自身的能力，盲目与他人能力做比较时，极易产生嫉妒心理和相对剥夺感，带来精神上的压力和痛苦。

第三节　建筑施工行业从业人员心理健康的重要性

建筑施工行业从业人员心理健康安全关系到人员生命财产安全、工作质量和效率以及项目整体水平，其重要性不可忽视。心理健康的从业者能更好地应对工作中的各种挑战和压力，减少工作失误和安全事故的发生。此外，心理健康的从业人员能够更好地调整自己的心态，保持积极向上的工作态度，提高工作效率和创造力。具体而言，建筑施工行业从业人员心理健康的重要性包括以下几个方面：

一、有助于保障从业人员主体需要

强化建筑施工行业从业人员心理健康，有助于保障从业人员主体需要。一方面，在行为科学需要理论中，马斯洛的"需要层次理论"认为人有五大需要，即生理需要、安全需要、归属需要、尊重需要、自我实现需要。人总是在满足基本需要之后，才会谋求高层次的需要，越是高层次的需要，拥有的人越少。建筑工地的复杂性使得心理行为过程的不良因素无所不在，导致建筑施工行业从业人员对安全的需求表现得比其他行业更加强烈。适度的安全需要有利于提高警惕，避免事故。

另一方面，心理健康的从业人员更有可能实现自我提升和自我实现。心理健康关系到从业人员的个人幸福感和生活质量。建筑施工行业从业人员的工作环境和生活条件相对较为艰苦，如果他们的心理健康问题得不到有效解决，就可能影响他们的个人幸福感和生活质量。保持良好的心态更有助于提升个体技能和专业素质。很多知名的劳模工匠都是以平和的心态攻坚克难，最终以突出的技术水平和杰出的工作表现而受到广泛认可。

二、有助于维护从业人员队伍稳定

当从业人员面临工作压力、生活困扰或人际关系问题时，如果没有得到及时的关注和疏导，一方面可能会导致自身情绪失控、工作懈怠甚至发生安全事故，另一方面还可能会对周围从业人员产生影响。若不能及时有效关注并解决，还有可能上升为舆情事件，为企业发展和从业人员队伍带来不利后果。因此，关注从业人员心理，并为他们提供及时有效的心理支持和帮助，是维护从业人员队伍稳定的重要手段。因此，从业人员的心理健康不仅是个人的需求，更是从业人员队伍稳定的基石。

随着社会的进步和经济的发展，人们越来越关注完善自我，发挥潜能。建筑施工行业从业人员通过心理健康学习，了解和掌握生产过程中心理特征和行为、作业疲劳与安全、激励机制、生产环境等的关系，可有效地审视自我，并处理好自身及他人的关系。企业可根据建筑生产的特殊性制定有效的培训方案，对建筑施工行业从业人员进行心理培训，使大家对心理健康有一定程度的了解，从而在生产中根据客观情况做出适应性的反应。还可开展心理咨询与治疗，研究建筑施工行业从业人员的心理动态、心理特征和心理倾向，为人际关系紧张、生活发生困难的从业人员提供安全心理咨询和心理健康指导服务。

三、有助于提升项目管理水平

关注从业人员心理健康，有助于减少其心理压力和负面情绪，提升项目的整体管理水平，并在此基础上增强项目的竞争力和可持续发展能力。首先，心理健康的从业人员能够更积极、专注地投入到工作中，减少因心理压力导致的失误和事故，从而提高工作效率。这对于项目的进度控制和整体管理效果至关重要。其次，心理健康的从业人员更容易与团队成员建立良好的合作关系，促进信息的有效沟通和共享。这有助于形成积极的团队氛围，提高团队凝聚力和协作能力，使项目能够更高效地推进。最后，心理健康的从业人员在面对问题和挑战时，能够更冷静、客观地分析情况，避免决策失误，提高项目质量。

此外，从业人员心理健康有助于增强项目的竞争力和可持续发展能力。从业人员能够以更高的热情和专注度投入到工作中，提高工作质量。这有助于提升项目的整体品质，增强项目的市场竞争力和可持续发展能力。

第四节　以系统化思路优化从业人员心理健康服务

关注从业人员心理健康，提升心理素质，已成为推进治理现代化以及保障和改善民生中的重要议题。2020年12月18日，住房和城乡建设部联合中华全国总工会等12部门印发《关于加快培育新时代建筑产业工人队伍的指导意见》（以下简称《意见》）。《意见》指出"到2035年……建筑工人权益得到有效保障，获得感、幸福感、安全感充分增强，形成一支秉承劳模精神、劳动精神、工匠精神的知识型、技能型、创新型建筑工人大军"。为此，建筑施工行业有必要加强并优化从业人员心理健康服务，提升建筑产业工人的获得感、幸福感和安全感。

一、以预防为首要环节，加强心理健康自查

从从业人员个人来看，做好预防和自测是鉴别心理健康问题的首要措施。症状自评量表（The self-report symptom inventory，Symptom checklist，90，简称 SCL—90）有90个评定项目，每个项目分五级评分，包含了比较广泛的精神病症状学内容，从感觉、情感、思维、意识、行为直至生活习惯、人际关系、饮食等均有涉及，能准确刻画被试的自觉症状，能较好地反映被试的问题及其严重程度和变化，是当前心理咨询门诊中应用最多的一种自评量表，如表4-1所示。

表4-1　SCL—90测试量表

题目	选择
1．头痛	1-2-3-4-5
2．神经过敏，心中不踏实	1-2-3-4-5
3．头脑中有不必要的想法或字句盘旋	1-2-3-4-5
4．头昏或昏倒	1-2-3-4-5
5．对异性的兴趣减退	1-2-3-4-5
6．对旁人责备求全	1-2-3-4-5
7．感到别人能控制自己的思想	1-2-3-4-5
8．责怪别人制造麻烦	1-2-3-4-5
9．忘记性大	1-2-3-4-5
10．担心自己的衣饰整齐及仪态的端正	1-2-3-4-5
11．容易烦恼和激动	1-2-3-4-5

续表

题目	选择
12. 胸痛	1-2-3-4-5
13. 害怕空旷的场所或街道	1-2-3-4-5
14. 感到自己的精力下降，活动减慢	1-2-3-4-5
15. 想结束自己的生命	1-2-3-4-5
16. 听到旁人听不到的声音	1-2-3-4-5
17. 发抖	1-2-3-4-5
18. 感到大多数人都不可信任	1-2-3-4-5
19. 胃口不好	1-2-3-4-5
20. 容易哭泣	1-2-3-4-5
21. 同异性相处时感到害羞不自在	1-2-3-4-5
22. 感到受骗，中了圈套或有人想抓住您	1-2-3-4-5
23. 无缘无故地突然感到害怕	1-2-3-4-5
24. 自己不能控制地大发脾气	1-2-3-4-5
25. 怕单独出门	1-2-3-4-5
26. 经常责怪自己	1-2-3-4-5
27. 腰痛	1-2-3-4-5
28. 感到难以完成任务	1-2-3-4-5
29. 感到孤独	1-2-3-4-5
30. 感到苦闷	1-2-3-4-5
31. 过分担忧	1-2-3-4-5
32. 对事物不感兴趣	1-2-3-4-5
33. 感到害怕	1-2-3-4-5
34. 您的感情容易受到伤害	1-2-3-4-5
35. 旁人能知道您的私下想法	1-2-3-4-5
36. 感到别人不理解您、不同情您	1-2-3-4-5
37. 感到人们对您不友好，不喜欢您	1-2-3-4-5
38. 做事必须做得很慢以保证做得正确	1-2-3-4-5
39. 心跳得很厉害	1-2-3-4-5
40. 恶心或胃部不舒服	1-2-3-4-5

续表

题目	选择
41. 感到比不上他人	1-2-3-4-5
42. 肌肉酸痛	1-2-3-4-5
43. 感到有人在监视您、谈论您	1-2-3-4-5
44. 难以入睡	1-2-3-4-5
45. 做事必须反复检查	1-2-3-4-5
46. 难以做出决定	1-2-3-4-5
47. 怕乘电车、公共汽车、地铁或火车	1-2-3-4-5
48. 呼吸有困难	1-2-3-4-5
49. 一阵阵发冷或发热	1-2-3-4-5
50. 因为感到害怕而避开某些东西、场合或活动	1-2-3-4-5
51. 脑子变空了	1-2-3-4-5
52. 身体发麻或刺痛	1-2-3-4-5
53. 喉咙有梗塞感	1-2-3-4-5
54. 感到前途没有希望	1-2-3-4-5
55. 不能集中注意	1-2-3-4-5
56. 感到身体的某一部分软弱无力	1-2-3-4-5
57. 感到紧张或容易紧张	1-2-3-4-5
58. 感到手或脚发重	1-2-3-4-5
59. 想到死亡的事	1-2-3-4-5
60. 吃得太多	1-2-3-4-5
61. 当别人看着您或谈论您时感到不自在	1-2-3-4-5
62. 有一些不属于您自己的想法	1-2-3-4-5
63. 有想打人或伤害他人的冲动	1-2-3-4-5
64. 醒得太早	1-2-3-4-5
65. 必须反复洗手、点数目或触摸某些东西	1-2-3-4-5
66. 睡得不稳不深	1-2-3-4-5
67. 有想摔坏或破坏东西的冲动	1-2-3-4-5
68. 有一些别人没有的想法或念头	1-2-3-4-5
69. 感到对别人神经过敏	1-2-3-4-5

题目	选择
70. 在商店或电影院等人多的地方感到不自在	1-2-3-4-5
71. 感到任何事情都很困难	1-2-3-4-5
72. 一阵阵恐惧或惊恐	1-2-3-4-5
73. 感到在公共场合吃东西很不舒服	1-2-3-4-5
74. 经常与人争论	1-2-3-4-5
75. 单独一个人时神经很紧张	1-2-3-4-5
76. 别人对您的成绩没有做出恰当的评价	1-2-3-4-5
77. 即使和别人在一起也感到孤单	1-2-3-4-5
78. 感到坐立不安心神不宁	1-2-3-4-5
79. 感到自己没有什么价值	1-2-3-4-5
80. 感到熟悉的东西变成陌生或不像是真的	1-2-3-4-5
81. 大叫或摔东西	1-2-3-4-5
82. 害怕会在公共场合昏倒	1-2-3-4-5
83. 感到别人想占您的便宜	1-2-3-4-5
84. 为一些有关性的想法而很苦恼	1-2-3-4-5
85. 您认为应该因为自己的过错而受到惩罚	1-2-3-4-5
86. 感到要很快把事情做完	1-2-3-4-5
87. 感到自己的身体有严重问题	1-2-3-4-5
88. 从未感到和其他人很亲近	1-2-3-4-5
89. 感到自己有罪	1-2-3-4-5
90. 感到自己的脑子有毛病	1-2-3-4-5

SCL—90共有躯体化、强迫症状、人际关系敏感、忧郁、焦虑、敌对、恐怖、偏执、精神病性和其他等10个因子，可通过因子分析了解被试的症状分布特点以及问题的具体演变过程，是进行心理健康判断的比较有效的测试量表。建筑施工行业从业人员可根据量表评分对自身心理健康状况进行基础测评。

二、以全链服务为系统设计，有效打通工作环节

在预防普及阶段，以心理评估为基础，以提高认识为核心，在源头上做到防微杜

渐。企业引入心理健康服务体系的最大挑战在于有限的经费与高额的服务费用之间的矛盾。在构建全链条服务过程中，可以做到有所侧重，将重点工作放在预防普及环节，帮助企业掌握从业人员心理状况。在此基础上，有意识地加强宣教科普，以多样化方式引导从业人员积极关注心理健康知识。

在干预疏导阶段，及时有效发现从业人员心理困境，协助从业人员自主便捷化地监控心理状态。构建点面结合、项目化管理、线上线下同步推进的从业人员心理健康服务机制，以多元化、开放化、创新化为特点开展从业人员心理服务，及时尽早发现存在心理健康问题的从业人员并尽快助其开始治疗过程，切实缓解从业人员心理压力、减少复发频率，保证有序生产生活。

在跟踪维护阶段，做好"建管用"，系统化增强从业人员群体心理素质。建立受助从业人员跟访机制，打造从业人员心理健康服务平台，系统化促进不同从业人员群体心理健康意识成长。建立健全效能评估机制，明确评估组织，确定评估目标，细化评估内容，明确评估工具，实施评估信息整理，形成评估结果等，为完善心理健康服务决策和方案提供依据，如图4-1所示。

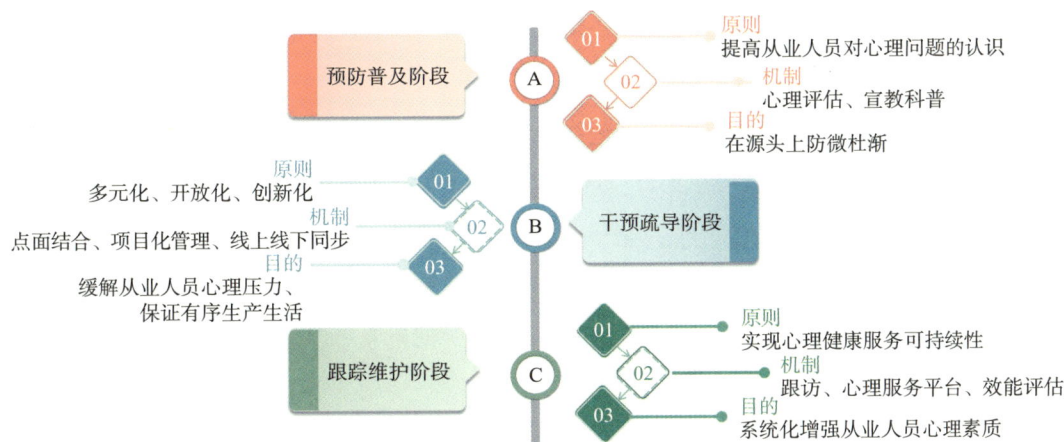

图4-1　心理健康全链服务设计图

三、以协同力量为组织保障，发挥主体合作效能

在构建心理健康服务体系的总体格局上，形成工会搭台、企业参与、政府支持、社会联动、服务专业的布局。从业人员心理健康工作首先要充分发挥工会组织竭诚服务从业人员群众的基本职责，并争取有关政府部门、企业、心理援助计划项目和社会组织对工作的重视和支持，加强部门间联动并形成协同效应。工会在这个过程中应起

到搭平台、聚资源、通路径、促规范、推落地的作用，吸引社会优势资源和有关专家学者，形成多点结合、多面结合、多方结合的合作共同体，开创资源共享、共创共建、互利共赢的发展新局面。

在企业内部，建立从业人员心理健康服务网络，充分发挥企业党组织、行政、工会、共青团等在从业人员心理健康工作中的作用，形成工作合力，为从业人员提供便捷、有效的心理健康服务。针对一般心理困难或问题，可由思想政治工作人员加以疏导和缓解，对于较为严重的心理问题或有特殊需求的从业人员，相关部门除了要加强与从业人员的沟通之外，还要及时走访慰问、谈心，进行心理预防和沟通。在必要情况时，可介绍至专业机构实施心理帮助。

在施工现场，形成"全流程改善"机制的建设。充分考虑从业人员的工地生活环境、施工环境，建立相关标准以及相关职业病危害防护与建筑业劳务工人岗前、岗中和离岗时的职业健康检查机制等，这是建筑业在产业升级过程中需要着重考虑的事情，要优化升级管理和保障服务，为施工单位从业人员构建良好工作环境。加强施工现场安全防护，特别要强化对深基坑、高支模、起重机械等危险性较大的分部分项工程的管理，以及对不良地质地区重大工程项目的风险评估或论证。

四、以宣传培训为思想利器，提升心理健康水平

以线上线下结合的方式开展心理健康知识普及，引导从业人员树立科学的心理健康观念，不再将心理健康问题视为"洪水猛兽"。以问题为导向，根据从业人员反映比较集中的职业发展、夫妻关系、亲子教育、自我管理等问题，开设线上心理咨询专栏，以通俗易懂的案例讲解向从业人员传授基本心理学知识；另一方面将心理知识以漫画方式做成宣传画、书籍等，向从业人员发放，帮助从业人员提升对心理健康、心理咨询和治疗的认识。

提升心理调适能力，定期邀请心理专家组织开展主题讲座和团体辅导，围绕情绪管理、人际交往技巧、压力调适、团队凝聚力等主题对从业人员进行培训。传授从业人员心理健康、压力管理、挫折应对、职业倦怠等心理调适方法。

关注从业人员心理变化，关注可能引发心理问题的事件，及时提供帮助疏导，保障从业人员心理健康状态总体可控。定期与从业人员谈话谈心，了解他们的所思、所想、所忧、所盼。同时，密切跟踪可能引发从业人员心理问题的重要事件，进行心理预防沟通，化解具有苗头性、倾向性问题。

五、以专业服务为立身之本，妥善处理心理问题

开展心理健康普查，号召企业定期组织全体从业人员或个别从业人员开展心理健康普查，围绕从业人员压力源分析及压力预警、从业人员心理健康排查、极端风险预警、焦虑抑郁情绪监测、个人心理调适建设等方面进行问卷调查，了解和掌握从业人员心理健康状况，分析查找产生心理问题的深层次原因。

提供心理咨询服务，建立从业人员心理求助热线、邀请心理咨询专家主动与从业人员进行电话沟通、安排专家为从业人员提供个性化心理辅导，为有需要的人提供专业心理咨询服务，做好联系一线产业工人的"连心桥"和"主阵地"。

加强心理危机管理，为有效应对突发事件对从业人员心理上造成的巨大冲击，建筑施工行业应及时制定心理应急预案，保障人员资源投入；发生突发事件要及时介入、及时疏导；在事件发生后进行全过程跟进，帮助从业人员及家属尽快走出阴霾，恢复正常的生产生活。

思考题

1. 建筑施工行业从业人员存在的典型心理现象包括哪些，可能会产生哪些负面影响？

2. 影响建筑施工行业从业人员心理健康的因素有哪些？

3. 行业和企业应该如何优化心理健康服务思路，增强建筑施工行业从业人员的获得感、幸福感和安全感？

第五章　传染病及预防处理

导学

　　本章主要讲述常见的传染病种类及特征、现场环境的影响因素；传染病的预防措施如控制传染源、切断传播途径、保护健康人群、健康教育和宣传等；讲述了建筑施工行业的主要环境污染问题及常见环境消杀方法和常见污染物处理措施。通过本章的学习，建筑施工行业从业人员应掌握常见传染病种类及特征，掌握传染病的预防措施，了解常见的环境消杀方法和污染物处理措施。

第一节　常见的传染病类型

一、常见的传染病种类

　　传染病是全球范围内导致人类死亡的主要因素之一。采取预防和控制措施来遏制传染病的传播，对于保障公众健康、维护生命安全和社会稳定至关重要。病原体与人类的共存关系是长期的。在人类居住的任何地方，病原体的存在不可避免，随时可能对人类健康构成威胁。建立有效的

（一）呼吸系统传染病
（二）消化系统传染病和食物中毒
（三）血液及性传播疾病
（四）虫、鼠媒传播疾病
（五）其他症状不明传染病

图5-1　常见传染病的种类

预防和控制机制是保护人类健康的关键措施。在建筑施工场所，常见的传染病包括以下内容，如图5-1所示。

　　（一）呼吸系统传染病

　　呼吸系统传染病常见的有感染性肺结核、流行性感冒、高致病性禽流感等。

（二）消化系统传染病和食物中毒

消化系统疾病包括但不限于霍乱、伤寒、细菌性痢疾、甲型肝炎、戊型肝炎和阿米巴痢疾等疾病。这些疾病通过受污染的食物或水传播，对从业人员的健康构成直接威胁。食物中毒是施工现场需要特别警惕的问题，常见的类型包括由沙门氏菌、副溶血性弧菌、金黄色葡萄球菌肠毒素、肉毒杆菌、病毒以及食用未煮熟的四季豆引起的中毒。这些中毒事件不仅影响从业人员的健康，还可能对工地的正常运作造成干扰。

（三）血液及性传播疾病

血液及性传播疾病包括艾滋病、乙型肝炎、丙型肝炎、丁型肝炎、生殖器疱疹、梅毒、淋病、尖锐湿疣等。

（四）虫、鼠媒传播疾病

蚊、蝇、蚤、虱、鼠是重要的传染病传播媒介，主要传播疾病有流行性出血热、疟疾、鼠疫、流行性乙型脑炎等。

（五）其他症状不明传染病

传染病的类型十分广泛，而工地上的医疗设施往往技术条件有限。面对原因不明的传染病暴发时，应立即向上级医疗机构或当地卫生防疫部门请求指导，并迅速上报情况。同时，应立即启动干预措施，进行调查、诊断和治疗。

二、常见的传染病特征

由于传染病种类繁多，每种疾病都有其特定的致病机理和影响因素，遵循不同的传播路径，展现出各自独特的流行病学特征。深入理解这些流行病学规律，有助于识别疾病的根

- 流行强度：散发、暴发、流行
- 时间特征：时间性、季节性、周期性、长期性
- 地区特征：受地理、气候、文化、经济等因素影响

图5-2 传染病的特征

源、预测其传播趋势以及开发防治措施。常见的传染病特征主要有流行强度、时间特征、地区特征等，如图5-2所示。

（一）流行强度

传染病的流行强度反映了特定地区和时间段内，某类疾病在人群中的发病频率、传播广度及病例间的相互关联性，通常用散发、暴发和流行等术语来描述。

1. 散发

散发是指疾病的发病率保持在较低水平，与历年相比没有显著变化。散发病例在时间分布和地理位置上显得较为随机，病例间缺乏直接联系。某些疾病天生倾向于散发状态，这可能由疾病本身的特性决定。例如，一些主要通过隐性感染传播的疾病，

如病毒性肝炎、脊髓灰质炎和乙型脑炎；或者那些传播途径难以实现的疾病，如流行性回归热、斑疹伤寒和炭疽；还有潜伏期较长的疾病，比如麻风病。此外，一些疾病在经历过一次流行或广泛接种疫苗后，人群中形成了一定程度的免疫力，从而转变为散发状态。例如麻疹就是其中之一。还有一些疾病，由于外部环境的变化，比如经济进步、生活条件改善和卫生条件提升，某些原本可能暴发的肠道传染病减少，转而以散发形式出现。

2. 暴发

暴发是指在较短的时间内，在一个相对封闭的区域内，突然集中出现了大量具有相同症状的患者。这种情况通常与特定的污染源有关，例如，当水源或食物链被污染时，就可能引发如甲型肝炎、细菌性痢疾和感染性腹泻等疾病。

3. 流行

当一个区域的某种疾病发病率远超过其历史平均值时，这种现象被称作流行病。传染病流行可能由多种因素引起，包括：（1）病原体变化：病原体数量或其致病力的突然增加。（2）新病原体出现：新病原体进入人群，由于缺乏免疫力，易引发疾病流行。（3）传播途径改变：传播方式的变异导致疾病传播范围扩大，影响更多易感人群。（4）行为和技术创新：例如，人类接触感染动物导致艾滋病最初传播，而吸毒等行为为艾滋病的传播提供了更有效的途径。（5）宿主易感性变化：如流感病毒的变异使人群免疫系统难以识别，导致免疫失败和大量人群感染。（6）宿主暴露机会增加：人类活动可能导致动物携带的病原体传播给人类，例如热带雨林破坏导致果蝠携带尼帕病毒进入人类居住区。（7）新侵入途径的出现：现代医疗手段，如血液制品的使用，可能促进了某些经血传播疾病的流行，如乙型肝炎和丙型肝炎的流行。

（二）时间特征

传染病的流行时间特征表现为在一定地区内，某种疾病在人群中随时间推移的发病和流行变化。

1. 时间性特征

当传染病暴发时，分析其时间分布特征有利于揭示疾病的暴露时间和相关因素，确定传播途径、制定有效的控制措施，防止疫情扩散。在潜伏期较短的疾病中，时间特征可以非常精确，例如流感、急性出血性结膜炎、肺鼠疫等，其时间特征可以按小时计算。而对于潜伏期较长的疾病，如伤寒、副伤寒、细菌性痢疾、肝炎等，时间分布特性通常以天或周为单位进行描述。

2. 季节性特征

传染病的发病率往往与季节变化紧密相关，展现出不同的季节性趋势。一些疾病，特别是那些依赖虫媒传播的，会在一年中的特定时段内达到发病高峰。此外，还有一些疾病虽然全年都可能发生，但在特定季节中，如冬春季节，呼吸道传染病的发病率会显著上升；相对地，肠道传染病则可能在夏季和冬春季节迎来发病的高峰期。

3. 周期性特征

周期性是指某些传染病按照一定的时间间隔，如每年或几年，出现规律性的流行。例如，流行性脑脊髓膜炎历史上曾每7至9年出现一次流行，甲型流感则大约每2至3年流行一次，麻疹的流行周期大约为2年。疫苗的广泛应用，特别是针对流脑和麻疹的疫苗，已经显著减弱了这些疾病的周期性流行。尽管如此，由于流感病毒的快速变异，它仍然保持着一定的周期性流行模式，因为新的变异株不断出现，使得人群反复成为易感者。

4. 长期性特征

长期性特征涉及传染病在较长时间尺度上的演变，这可能表现为感染率和致死率的长期趋势，或者疾病的临床表现及病原体属性的长期变化。长期变异的驱动因素是多方面的，包括病毒的自然变异、医疗技术的进步、预防措施的普及、经济的发展以及人们生活和卫生条件的持续改善等。

（三）地区特征

传染病的流行特点受地理、气候、文化、经济等多种因素影响，在不同地区表现出独特的流行模式。某些传染病只限于一定地区和范围内发生。例如，血吸虫病多在热带、亚热带的水稻种植区流行。

（四）不同传播途径传染病的流行特征

传染病的扩散过程是病原体脱离感染源后，通过多种途径接触到易感染人群。有一些病原体主要通过特定的途径侵入宿主，但许多病原体具备多种传播能力。传播方式的多样性也意味着不同的传染病会展现出各自独特的流行病学特征。传播途径如图5-3所示。

➤ 经空气传播
➤ 经水或食物传播
➤ 经接触传播
➤ 通过节肢动物媒介传播
➤ 经土壤传播
➤ 血液传播
➤ 垂直传播

图5-3　传染病的传播途径

1. 经空气传播

空气传播病原体的方式多样，包括飞沫、飞沫核、尘埃和气溶胶传播。流感病毒等对环境较为敏感的病原体主要通过近距离飞沫传播，影响范围较小，通常限于与感染源近距离接触的人群。而飞沫核能够传播到较远的距离，使得结核分枝杆菌等能在干燥环境中存活的病原体得以远距离传播。结核分枝杆菌和炭疽杆菌的芽孢等具有强大抵抗力的病原体，能够通过尘埃传播。气溶胶作为空气中悬浮的微小颗粒，也是病原体传播的一个重要途径。

2. 经水或食物传播

通过水和食物途径传播的传染病涵盖了肠道感染和特定寄生虫疾病，某些通过呼吸途径传播的疾病也可能通过摄入受污染的食物而感染。水源受到污染或人们接触到疫水时，可能会引发疾病的传播。同时，食物中如果含有病原体或在处理过程中受到污染，食用这些食物也可能导致疾病的传播。

3. 经接触传播

接触传播可以通过直接或间接的方式发生。直接接触传播是指易感宿主与传染源之间直接接触，导致疾病传播，如某些性传播疾病和狂犬病。间接接触传播则是通过接触被病原体污染的物体或表面，例如个人用品或手部，而感染疾病。肠道传染病、皮肤感染以及某些可以由动物传播给人的疾病，都可能通过间接接触的方式传播。

病原体的传播主要通过两种方式：机械性携带和生物性传播。在机械性携带中，节肢动物通过接触、呕吐或排泄物将病原体传播到食物或餐具上，导致接触者感染。如肠道传染病病原体伤寒沙门菌、痢疾志贺菌等可以在苍蝇、蟑螂等体表和体内存活数天，由其机械携带污染食物等，进而感染易感人群。生物性传播常见于吸血类节肢动物，如蚊、虱子、鼠蚤等，通过叮咬携带病原体的感染者，随后再叮咬其他易感个体，从而传播疾病。

4. 通过节肢动物媒介传播

节肢动物传播病原体的方式主要有两种：机械携带和生物性吸血。机械携带是指节肢动物通过接触、呕吐或排泄等途径将病原体传播到环境中，而生物性吸血传播则是节肢动物在叮咬携带病原体的宿主后，再叮咬其他个体，导致疾病传播。在机械携带过程中，节肢动物能够通过直接接触、呕吐或排泄等途径将病原体散布到食物和餐具上，引起污染。例如，伤寒沙门菌和痢疾志贺菌等病原体可以在苍蝇、蟑螂等身上存活较长时间，并通过这种方式传播疾病。而在吸血传播中，吸血性节肢动物如蚊子，在吸食了含有病原体的血液后，再通过吸血行为将病原体传染给其他易感人群。

5. 经土壤传播

土壤是某些传染病传播的媒介，这与病原体在土壤中的存活时间紧密相关。形成芽孢的细菌，如炭疽和破伤风的病原体，能在土壤中存活数十年，维持其感染力。一些寄生虫的卵也需要在土壤中经历一定时期的发育，才能感染新的宿主。在频繁接触土壤且卫生条件较差的区域，传染病的感染率较高。例如，在热带和亚热带的贫困地区，由于卫生条件较差，破伤风的发病率和死亡率居高不下。在自然灾害或事故导致受伤人数激增时，如果伤口处理不当，感染风险也会增加。在某些地区，由于存在使用未经处理的粪便施肥、食用未经清洗的生食、直接食用地面上的食物、赤脚劳作等行为，钩虫病的感染率相对较高，尤其是在农业劳动者中更为常见。

6. 血液传播

血液和体液是某些病原体的载体，这些病原体通过血液制品的输注或使用未经充分消毒的医疗设备传播。例如，乙型肝炎、丙型肝炎和艾滋病等都可以通过血液途径传播。这类疾病不受季节限制，全年都可能发生，并且跨越所有年龄层。

7. 垂直传播

垂直传播也叫母婴传播，是指母亲将病原体传递给胎儿的途径。孕期感染的妇女可能将病原体通过血液传递给胎儿，导致胎儿在子宫内受到感染。例如风疹、HIV/AIDS、梅毒和乙型肝炎都可能通过母婴传播途径从母亲传给胎儿。分娩过程中，胎儿可能会因接触到感染的产道而感染某些病原体，如淋球菌和疱疹病毒。艾滋病或乙肝感染的母亲还可能通过哺乳将病毒传给婴儿。此外，一些病原体能够通过阴道上行感染，影响胎盘或绒毛膜，导致宫内感染。这类病原体包括葡萄球菌、链球菌、大肠杆菌和白念珠菌等。

三、现场环境的影响因素

传染病是指一类由病原体引起，并在人群中传播的疾病。传染病的发病和扩散受众多因素的综合影响，其中环境因素发挥着重要作用。

（一）气候因素

气候作为环境因素之一，对传染病的传播模式有着显著的影响。例如，气候温暖且湿润时，蚊虫的滋生更为频繁，这可能会促进疟疾和登革热等由蚊虫作为媒介的疾病的传播。而在冬季寒冷的条件下，人们更常在室内聚集，这可能会增加流感等通过空气传播的疾病的风险。

（二）水资源

水是人们日常生活中不可或缺的资源，它与传染病的发生和传播有着紧密的联系。当水源受到污染时，可能会成为疾病传播的途径，导致霍乱和痢疾等水源性传染病的流行。此外，水资源短缺也可能使得人们难以维持良好的卫生条件，从而提高疾病感染的可能性。

（三）空气污染

空气污染对传染病的流行趋势有着显著的影响。空气污染物中的固体颗粒和有害气体，如二氧化硫和氮的氧化物，对人类的呼吸系统和免疫系统构成威胁。固体颗粒物能扩大病原体在空气中的传播范围，增加人们接触并感染疾病的概率。同时，有害气体损害免疫系统，减少人体对感染的抵抗力。特别是在建筑工地，施工过程中产生的粉尘等颗粒物，进一步扩大了病原体的传播，对传染病的传播起到了推动作用。

（四）生物多样性减少

生态系统中生物的多样性为人类提供了一种天然的保护屏障，可限制病原体的传播。但是，随着生物多样性的减少，不仅影响了生态系统的健康，还可能减少对病原体传播的自然抑制，从而增加了疾病暴发的可能性。

（五）乡村发展与城市化

随着城市化进程的加快，人口密度增大、卫生设施不完善等问题的出现，有可能增加传染病传播的风险。人群聚集使得病毒传播更为迅速，不良的卫生条件会加剧疾病的蔓延。

（六）全球化

全球化加速了传染病的传播。随着旅行和贸易的增加，病原体可以迅速传播到不同的地理区域，引起传染病的暴发和流行。建筑施工现场的工人大部分来自全国各地的农村，每年春节期间的大规模返乡回城，也是传染病流行的一个因素。

综上所述，环境因素对传染病的扩散具有显著影响。理解和有效管理这些因素对于控制疾病的传播至关重要。需要政府、科研机构和公众的共同努力，强化环境的保护和卫生的宣教，提升公众的健康意识，共同面对传染病的威胁。

第二节　传染病的分级及预防原则

强化劳动保护措施，预防传染病，保障从业人员安全与健康，不仅是衡量社会文明进步的一个关键指标，也对国家的经济发展和社会稳定具有深远影响。应采取以预防为核心的传染病防治策略，结合防治手段，确保从源头上消除传染病风险。职业性传染病是可防可控的，其中，预防措施应成为首要任务和关键环节。对于建筑行业来说，所有生产经营单位和事业单位，以及广大劳动者，都应严格遵守安全生产法规，确保工作场所和个人卫生得到有效保护。在存在传染病风险的工作环境中，必须采取严格的防护措施，确保个体安全得到充分保障。

一、传染病的分级

依据《中华人民共和国传染病防治法》，我国将传染病分为甲、乙、丙三个等级。目前，我国共有41种疾病被列为法定传染病。

（一）甲类传染病

甲类传染病是指那些需要实施强制性管理的疾病。对于确诊患者、病原体携带者、疑似病例及密切接触者，以及疫情发生区域，必须采取严格的控制措施，包括隔离、治疗等。

目前，甲类传染病包括鼠疫和霍乱两种疾病。这类疾病具有高传播性，一旦治疗不及时，可能导致高死亡率，影响范围广泛，有可能对社会安全构成威胁。因此，在疫情暴发时，必须采取强制隔离措施，包括对患者或密切接触者的隔离，以及可能实施的疫区封锁和交通卫生检查等措施。由于这些特点，甲类传染病也被称作"强制管理传染病"。

（二）乙类传染病

乙类传染病要求实施严格的控制措施，包括及时的控制、隔离和治疗。这类疾病包括但不限于艾滋病、狂犬病、肺结核、伤寒等。特别需要说明的是，某些乙类传染病如肺炭疽、传染性非典型肺炎、高致病性禽流感等，尽管分类为乙类，却按照甲类传染病的防控标准进行管理。

这些疾病可能具有较高的发病率和致死率，传播能力可能受限，但在社会层面上具有一定的传播潜力。它们可能不会带来极高的致残或致畸风险，但对社会健康仍构成威胁。因此，需要通过计划性的疫苗接种、义务性和公共性的检查与治疗，以及对传染源和传播途径的系统性控制等社会性工程来进行管理。

（三）丙类传染病

丙类传染病主要包括风疹、麻风病、急性出血性结膜炎、流行性感冒、流行性腮腺炎、斑疹伤寒、黑热病、包虫病、丝虫病和除霍乱、细菌性和阿米巴痢疾、伤寒和副伤寒以外的其他感染性腹泻病、手足口病等。这些疾病对社会和人民健康同样具有一定影响，需要通过主动的系统监测来掌握其流行趋势，并建立和优化相应的控制措施，以有效防治这些疾病。

二、传染病的三级预防原则

职业性传染病是一种与工作环境相关的疾病，需要遵循疾病预防的三级原则来保护工作人员的健康。

一级预防，也称为病因预防，旨在从源头上消除生物危害对从业人员的影响，包括改进工作流程和设备，以及充分利用生物防护设施和个人防护装备，以降低从业人员与有害生物因素的接触频率和程度。有特定职业禁忌的人员不应从事相关工作；对于暂时处于高风险状态的从业人员，应考虑暂停其工作或调整其岗位。

二级预防关注的是疾病的早期发现、诊断和治疗。这涉及定期监测工作环境中的生物危害因素，并对可能接触这些因素的从业人员进行定期健康检查。一旦发现疑似职业性生物危害情况，立即进行风险评估，提供及时特异性或对症治疗。

三级预防的目标是最小化已受影响者的损害，尽可能地挽救生命，提高生活质量，并促进健康。这可能包括提供康复服务和长期健康监测，以确保受影响者能够获得必要的支持和治疗。如图5-4所示。

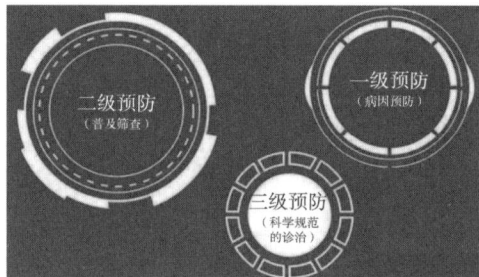

图5-4　三级预防原则

按照疾病三级预防的原则，做好职业性传染病的预防控制工作可从如下几个方面展开。

一是作业场所或职业环境的环境监测和生物监测，及早识别或察觉环境中存在的生物有害因素、存在部位、潜在的职业接触的机会，并对潜在的生物性危害的强度进行评价，为及时采取有效的措施提供科学依据。

二是对从业人员进行职业健康培训，让从业者都能够全面了解职业性传染病的种类和特性；识别在特定职业场所和工作环节中可能出现的传染病；掌握传染病的常见表现和症状；学习传染病防护措施；熟悉紧急情况下的处理步骤和程序。

三是从业人员健康监护，尽早识别与职业性传染病相关的健康问题或异常状况。这不仅包括及时的干预和治疗，还涉及识别和消除致病因素。通过这种方式，可以确保工作环境的安全性，并防止潜在的健康风险。

四是加强职业场所的卫生监督和卫生执法，一旦发现潜在的问题，则根据有关的政策和法律法规对该部门限期整改，最大程度地保障从业人员的权益，保护劳动者的身心健康。

五是分析发现主要的职业性传染病因素及其生存环境、生产环节等，以及各种常见的职业性传染病对从业人员的健康危害及强度，提出针对性的防护措施，为有关职能部门制定相关法律法规或政策提供依据。

六是职业暴露风险评估和紧急响应措施，目的是迅速对可能遭受职业暴露的个体进行风险评估。这不仅有助于最大限度地减少潜在危害，而且为职业病防治法规的实施提供了必要的科学支持。

第三节 传染病的预防措施

一、控制传染源

传染病的传播起始于传染源，即那些体内存在活跃病原体并能将其传播给其他个体的人或动物。这些传染源分为患者、无症状的病原携带者，以及携带病原体的动物或昆虫媒介。有效预防和控制传染病传播的关键在于采取科学的方法管理传染源，快速阻断传播途径，以及保护那些尚未感染的健康人群。这涉及隔离措施、环境卫生的改善、个人防护、疫苗接种和公共健康教育等综合策略。

（一）患者的管理

对于已感染传染病的患者进行有效管理，是阻止传染病扩散的关键。我国已经形成了行之有效的"五步"防控策略，即及时发现、迅速报告、准确诊断、立即隔离和有效治疗，如图5-5所示。

此外，根据《中华人民共和国传染病防治法》，要对患者进行系统的流行病学调查、隔离和规范治疗。对于疑似病例，也应采取相应的流行病学调查和医疗跟踪，以防止疾病在健康人群中传播，并在有需要时进行隔离。

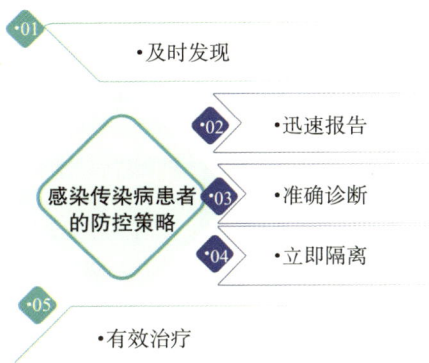

图5-5 感染传染病患者的"五步"防控策略

（二）病原携带者的管理

在我国众多的法定传染病中，病原携带者扮演着疾病传播的关键角色，如流行性脑脊髓膜炎、脊髓灰质炎、乙肝、肺结核和艾滋病等。对于病原携带者可通过以下途径进行有效管理。

一是医学管理和跟踪随访。对于确认的病原携带者，采取医学措施和持续的健康监测至关重要。这包括建立完整健康档案，进行定期健康检查和必要的医疗干预。同时，对病原携带者的接触者进行评估，以识别可能的传播途径。

二是行为干预与行业管理。在病原携带者完全治愈之前，必须采取特定的行为干预措施和行业管理规定，以防止病原体的传播。这包括通过健康教育来引导病原携带者采取预防措施。例如，对于某些特定的传染病病原携带者，在满足医学规定的健康标准前，应限制他们从事特定的工作，如食品行业、教育和儿童保育等。此外，还应禁止携带血液传播疾病病原体的个体参与献血活动。

（一）医学管理和跟踪随访

（二）行为干预与行业管理

（三）病原消除与规范治疗

图5-6　病原携带者的管理流程

三是病原消除与规范治疗。确诊的病原携带者需要接受及时的医学干预，包括依法进行隔离措施，接受有序且规范的治疗方案，并定期接受健康检查，目的是彻底清除体内的病原体。对于那些无法彻底清除携带状态的个体，应通过规范的医疗手段减少病原体的数量，以降低其传播疾病的能力。如图5-6所示。

（三）动物或传播媒介的管理

某些传染病源自动物宿主，例如狂犬病、炭疽、血吸虫病、猪链球菌感染和禽流感等。管理这类动物传染源时，对于具有经济、科研或生态意义的野生动物和家畜，应先尝试隔离治疗，如有必要，进行人道宰杀并彻底消毒。对于那些对人类健康威胁严重或价值较低的病畜和野生动物，应捕杀后进行焚烧或深埋处理。同时，对家畜进行定期的疫苗接种和健康检查，以预防疾病的发生和传播。

对于疾病传播的昆虫媒介，需要通过公共卫生运动，鼓励社区参与，采取有效的控制措施，如使用杀虫剂和消除其繁殖地，改变它们的生存条件，从而有效控制媒介生物的数量，减少疾病的传播风险。

二、传播途径的阻断

切断传播途径是防止传染病传播的重要环节。针对肠道疾病、由昆虫传播的疾病以及众多寄生虫感染，阻断其传播路径往往是最关键的预防手段。传染病的传播方式可分为通过接触传播、通过水传播、通过食物传播、通过空气传播、通过生物媒介传播、通过垂直传播、通过土壤传播、通过血液传播等。针对不同的传播途径，要采取相应的阻断措施。

（一）通过空气传播的阻断技术

空气传播包括两种方式，最常见的是经飞沫传播，即通过大声说话、咳嗽、打喷嚏等引起病原的扩散传播，多数呼吸道传染病如流脑、SARS、流行性感冒、百日咳等可通过该途径引起传播，一些拥挤的住所、临时工棚以及人群密集的监狱、学校、车船、候车室等公共场所是发病的高危地带；其次是经气溶胶传播，如飞沫中水分蒸发后形成的飞沫核、屠宰及皮毛加工产生的含有病原体的烟尘雾、地面及物体表面分泌物干燥后形成的飘尘等，可较长时间在空气中悬浮，从而造成病原的扩散传播。病原极容易通过空气传播。对此，从业人员应引起重视。通过空气传播的阻断技术如图5-7所示。

（二）通过水传播的阻断技术

通过水传播也包括：（1）饮用水被粪便等污染而造成的传播，经由此种方式传播的常见疾病有霍乱、伤寒和副伤寒、甲型肝炎、细菌性痢疾、感染性腹泻等；（2）由于与疫水接触而造成的传播，此种方式传播的主要有血吸虫病、钩端螺旋体病等。通过水传播的阻断技术如图5-8所示。

图5-7 通过空气传播的阻断技术

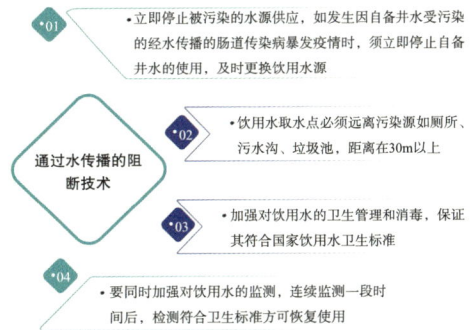

- 01 · 不到人员密集的地方，外出佩戴口罩，不大声说话，不随地吐痰，在咳嗽和打喷嚏时用手帕和纸巾捂住口鼻等
- 02 · 提醒群众在呼吸道传染病流行季节尽量减少聚会和去公共场所的机会
- 03 · 注意开窗通风，保持室内空气流通和空气新鲜
- 04 · 改革生产工艺，减少携带病原体气溶胶的产生
- 05 · 进行环境、物品清洁时尽量湿式作业，防止扬尘

图5-8 通过水传播的阻断技术

- 01 · 立即停止被污染的水源供应，如发生因自备井水受污染的经水传播的肠道传染病暴发疫情时，须立即停止自备井水的使用，及时更换饮用水源
- 02 · 饮用水取水点必须远离污染源如厕所、污水沟、垃圾池，距离在30m以上
- 03 · 加强对饮用水的卫生管理和消毒，保证其符合国家饮用水卫生标准
- 04 · 要同时加强对饮用水的监测，连续监测一段时间后，检测符合卫生标准方可恢复使用

（三）通过食物传播的阻断技术

肠道传染病、特定的寄生虫病和某些呼吸道疾病（例如结核病和白喉）均可通过受污染的食物链传播。这种传播方式主要有两种情形：首先是食物内含有病原体，例如，肉类可能因感染猪囊尾蚴或炭疽杆菌而带有病原体；奶制品可能因乳牛患有结核病或布鲁氏菌病而受污染；家禽、家畜制品和蛋类可能因沙门氏菌感染而危险；水生动物如毛蚶、牡蛎、蛤和贝壳等可能携带甲型肝炎病毒。食用这些未经充分烹饪或消毒的食品可能会导致疾病传播。其次是食物在生产、加工、运输、储存、销售的某一

图5-9 针对食物携带病原体的阻断技术

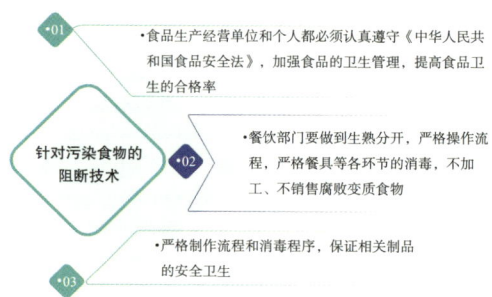

图5-10 针对污染食物的阻断技术

环节中被污染，从而引起疾病传播。针对食物携带病原体的阻断技术如图5-9所示。针对污染食物的阻断技术如图5-10所示。

（四）通过接触传播的阻断技术

传染病的传播可通过接触途径发生，分为直接接触和间接接触两种形式。直接接触表现为病原体从某一个体直接传递至另一个体，如艾滋病及其他性病、狂犬病。其预防策略着重于避免直接接触，例如，通过性教育和安全性行为来减少性传播疾病的风险。而预防狂犬病，则要避免已感染病毒和未接种疫苗的猫、狗等动物咬或抓伤等。

间接接触传播通过接触被病原体污染的物品或表面发生。其防控措施包括提升公众健康知识，鼓励个人卫生习惯的养成，如在准备食物、用餐、使用洗手间后、接触患者前后洗手，以及保持个人和环境的清洁，避免食物和水源受到污染。

（五）通过生物媒介传播的阻断技术

经生物媒介的传播途径主要有两种情形：一是昆虫如苍蝇和蟑螂等媒介昆虫在觅食时，可能将病原体通过呕吐或排泄物传播到食物或餐具上，造成食物污染，人们食用这些受污染的食物或使用受污染的餐具后可能感染疾病；二是吸血节肢动物在叮咬携带病原体的宿主后，病原体进入昆虫体内，并在发育繁殖后，通过再次叮咬传播给易感者。为了有效预防第一类生物媒介传播，需要从环境卫生和个人卫生两个方面入手，具体措施如图5-11所示。

针对第二类传播，即由吸血节肢动物如蚊子传播的疾病，个人防护至关重要。例如，为了预防乙型脑炎，建议采取防蚊措施，如睡觉时使用蚊帐，以及根据情况使用驱蚊产品。在野外工作时，应穿戴适当的防护服，包括长袖、长裤和长筒靴，并使用驱虫剂以减少暴露风险。同时，应加强家禽家畜的卫生管理，防止疾病通过动物传播给人类。

图5-11 预防第一类生物媒介传播的阻断技术

图5-12 通过血液传播的阻断技术

（六）通过血液传播的阻断技术

经血液传播途径可以通过两种方式实现：首先是通过输血或使用受污染的生物制品和药物；其次是在医疗过程中，操作不当导致皮肤破损而造成的感染。例如，乙型肝炎病毒、丙型肝炎病毒和人类免疫缺陷病毒都可以通过这些途径传播。因此，确保血液安全和遵守医疗操作中的感染控制措施至关重要。阻断的主要措施如图5-12所示。

除了上述各种传播形式及其阻断技术外，还有通过垂直传播、通过土壤传播的形式及其阻断技术，但是对于建筑施工现场来说，这些传播形式比较少见。

三、健康教育和宣传

预防传染病是全社会共同面对的挑战，需要每个人的参与和贡献。目前的问题是人们关于传染病的知识了解较少。为此，要积极推动健康教育和宣传活动，提升公众的卫生意识和应对传染病的能力。通过各种途径和方法，使健康知识普及到每一个角落，让每个人都能为防控传染病贡献力量。

（一）日常卫生习惯的宣教

做好群众的经常性卫生教育工作，提醒群众搞好家庭食品卫生管理，把好病从口入关，不吃生冷食品，防蝇、防污染。在呼吸道传染病流行季节尽量减少聚会和去公共场所的机会，外出佩戴口罩，不大声说话，不随地吐痰，在咳嗽和打喷嚏时用手帕和纸巾捂住口鼻等。注意开窗通风，保持室内空气流通和空气新鲜。在肠道传染病疫区，要劝阻群众不要进行婚、丧、喜宴的聚餐活动，防止引起食源性疫情的暴发。对于不听劝阻又不接受卫生监督、因聚餐而造成肠道传染病暴发或流行者，应严肃处理。

强化食品卫生监督，严格执行饮食行业从业人员的健康准入制度，依法进行体检并发放健康证明。对从业人员进行定期健康检查，及时发现并隔离传染病患者或病原体携带者。加强食品安全管理，特别是在食品集中加工和供应的场所，如学校和建筑工地，确保食品在所有环节的卫生安全。食堂和食品制作场所应远离污染源，保持规定的安全距离。同时，加强公众卫生教育，提高个人卫生意识，如正确洗手和避免食用不洁食物。

（二）传染病知识的科普宣教

有计划、有针对性地开展传染病知识的科普宣教，比如传染病的特征和阻断方式等，采用图文、动画、视频等多种形式，使信息传递更加直观易懂。在传染病高发季节前，通过社区和学校等平台，推广疫苗接种并教授预防措施。对病原携带者，加强医学、责任和道德教育，提升其公共卫生意识，促使其采取适当行为，减少疾病传播的可能性。

（三）突发卫生事件的心理疏导和心理危机干预工作

当突发卫生事件时，尤其是新的传染病暴发时，社会大众由于对于疾病不了解，可能造成心理恐慌，并采取不合适的预防措施等。面对这种情况时，相关部门可通过科普、宣讲和预防等措施，深化人们对疾病的认知，降低人们对疾病的心理恐慌。

四、环境卫生改善

具体针对建筑施工现场，可以从如下方面去改善，具体见表5-1~表5-4。

1. 预防呼吸系统传染病的环境改善措施

表5-1　预防呼吸系统传染病的环境改善措施

序号	预防呼吸系统传染病的环境卫生改善措施
1	与当地卫生行政部门、疾病预防控制中心沟通联系，及时掌握当季呼吸系统传染病流行情况；组织学习相关防护知识
2	加强检测，对既往感染结核的从业人员重点复查，发现活动性结核病患应及时调离岗位、住院治疗
3	发现发热、咳嗽、胸痛者，应及早检查诊断，排除传染病后方可继续工作
4	禽流感流行期间，食堂停止采购、加工、制作禽肉、禽蛋类食品

2. 预防消化系统传染病的环境改善措施

表5-2 预防消化系统传染病的环境改善措施

序号	预防消化系统传染病的环境改善措施
1	及时掌握当季消化系统传染病和食物中毒流行情况。组织从业人员学习相关防护知识，不食用来历不明的食物原料或不合格食品
2	加强检测，尤其是对食堂从业人员的检测，对既往感染伤寒、甲肝者重点复查，发现感染消化道传染病或携带病原菌的，应及时调离岗位、住院治疗
3	晨检中发现腹痛、腹泻者，应及早检查诊断，排除传染病后方可继续工作
4	加强食堂管理，不采购无检验检疫合格证的食品原材料；加工过程严格按照卫生规范要求；生熟分开以杜绝交叉污染；加强加工、用餐环境卫生防护，及时扑灭鼠害、虫害
5	加强饮用水管理，分散供水装置应定期维护消毒；过滤清洁设备应保持有效状态，必要时加入消毒药片消毒

3. 预防血液及性传播疾病的环境改善措施

表5-3 预防血液及性传播疾病的环境改善措施

序号	预防血液及性传播疾病的环境改善措施
1	加强农民工精神文明道德建设，开展健康的文化娱乐活动，丰富业余生活
2	开展形式多样的性病、艾滋病预防宣传活动，让农民工了解相关疾病危害和预防保健措施
3	加强宿舍管理，不共用牙刷、剃须刀等个人用品；宿舍不留宿外人
4	配偶来访，应设置夫妻宿舍，并提倡安全性交，推广使用安全套
5	禁止各种形式的吸毒及药物滥用
6	组织相关疫苗免疫注射，主动预防血液及性传播疾病

4. 预防虫、鼠等传播疾病的环境改善措施

表5-4 预防虫、鼠等传播疾病的环境改善措施

序号	预防虫、鼠等传播疾病的环境改善措施
1	加强工地食堂、宿舍灭鼠、灭蚊、灭蝇工作，加装纱窗、防蝇灯等防护隔离设施
2	保持宿舍干燥通风，及时清理生活垃圾并消毒堆放地，减少工地周边"死潭水"，防止形成蚊蝇滋生地
3	加强与卫生行政部门和疾病预防控制中心的联系，掌握传染病自然疫源地信息，对来自疫源地的从业者进行重点监测管理
4	对有相应传染病症状表现的从业人员，采取早发现、早治疗、早隔离措施

第四节　环境消杀及污染物的处理

一、建筑施工行业主要环境及污染问题

建筑行业在国家经济建设中占据重要地位，但施工过程中的环境保护问题逐渐显现。随着建筑工程数量的增加，部分建筑单位对垃圾处理和资源浪费缺乏足够的认识和措施，导致建筑垃圾的产生。解决建筑工程施工中的环境问题，改善资源管理，创建生态友好的施工环境是当前的一项重点任务。

（一）施工噪声

许多建筑工程位于居民较为集中的城市或城乡结合部。建筑施工产生的噪声会对居民的日常生活造成影响。为了减少噪声污染，需要合理安排施工时间，使用低噪声设备，设置隔声措施，并加强监管和执法。同时，施工企业应与居民进行沟通，以获得他们的理解和支持。

（二）建筑垃圾

在建筑工程中，拆除旧结构时便开始产生建筑废料。随着工程的启动和材料的使用，废料量进一步增加。如果管理不善，不仅会浪费可回收的建筑废料，而且由于清除和转运的延误，还可能形成施工过程中的安全隐患。

（三）大气污染

在建筑施工过程中，粉尘是影响大气环境的主要因素。粉尘污染主要源自以下几个方面：土方工程（如挖掘、堆放、清运、回填和场地平整）；建筑材料（例如水泥、石灰、沙子）在装卸、运输和堆放过程中因风力引起的扬尘；施工车辆频繁移动导致的地面扬尘；以及施工废料堆放和清运时产生的扬尘。此外，施工人员日常生活使用的燃料也会排放少量污染物。

（四）水污染

建筑施工期间产生的废水主要分为两类：施工废水和生活污水。施工废水来源于机械设备的冷却和清洗用水，以及建材的清洁、混凝土的养护和设备的水压测试，这类废水常含有油脂和泥沙。生活污水则包括食堂用水、洗涤和冲厕等，这类污水含有较高水平的细菌和病原体。

（五）"四害"因素

建筑施工现场不可避免地会出现苍蝇、蚊子、老鼠和蟑螂。苍蝇常在垃圾、粪坑、厕所、腐烂的动物尸体和脓血、痰液、呕吐物中觅食，其体表和体内携带大量细

菌、病毒和寄生虫卵。苍蝇在进食的同时会传播污染物,导致食物受到污染,人食用这些食物后,可能会感染肠道传染病和寄生虫病。

蚊子通过吸血寻找宿主,尤其是对氨基酸气味敏感的人群,如婴儿或皮肤细嫩者。在吸血过程中,蚊子可能将疟原虫、丝状蚴、乙型脑炎病毒等病原体注入人体,引起感染。蚊子不仅干扰睡眠,还可能传播乙型脑炎、疟疾、登革热和丝虫病等疾病。

老鼠不仅偷食粮食、损坏家具、衣物、书籍和文具,还可能破坏建筑结构、咬断电线,导致经济损失。老鼠通过体外寄生虫(如鼠虱)传播疾病,如鼠疫、钩端螺旋体病、恙虫病、流行性出血热、地方性斑疹伤寒等。

蟑螂常在不卫生的环境中活动,如厕所和垃圾桶,携带大量细菌、病毒和寄生虫卵。它们还可能污染人类的食物和餐具,引起甲型肝炎、痢疾、伤寒、霍乱等传染病,以及细菌性食物中毒和寄生虫病,如蛔虫和钩虫感染。在一些地区,建筑施工场所还可能遭受白蚁的侵害,这同样需要引起重视。

二、常见环境消杀方法措施

建筑施工现场有责任为从业人员提供一个干净整洁的工作和居住环境,定期对现场采取消杀措施。当有传染病例在现场出现时,要引起重视,积极开展环境消杀。对从业人员宿舍、工作场所、厕所、垃圾堆放场所等进行环境消杀,操作人员应做好个人防护。

(一)环境消毒

用于消毒环境表面的消毒剂有多种,比如含氯消毒剂、二氧化氯、过氧乙酸、过氧化氢、碘伏、醇类、季铵盐类、自动化过氧化氢喷雾消毒器、紫外线辐照、消毒湿巾等。在以上方法中,含氯消毒剂(84消毒液)具有浓度配比灵活、杀菌范围广、性价比高的优势。根据含氯消毒剂杀灭微生物的范围,可以配制成高水平消毒剂(2000mg/L、1000mg/L)和中水平消毒剂(500mg/L、250mg/L)。500mg/L有效氯浓度通常能杀灭细菌繁殖体、结核分枝杆菌、真菌、亲脂病毒,被认为是最为常用的中水平消毒剂。环境表面消毒方法见表5-5。

表5-5 环境表面常用消毒方法

消毒产品	使用浓度	作用时间	使用方法	适用范围	注意事项
含氯消毒剂	400~700mg/L	>10min	擦拭、拖地	细菌繁殖体、结核分枝杆菌、真菌、亲脂类病毒	对人体有刺激作用;对金属有腐蚀作用;对织物、皮草类有漂白作用;有机物污染对其杀菌效果影响很大
	2000~5000mg/L	>30min	擦拭、拖地	所有细菌(含芽孢)真菌、病毒	

在使用过程中应根据流行病毒的种类去选用：

1. 环境表面

常规使用的含氯消毒剂浓度为500mg/L，若有肉眼可见污染时，应先去除污染，局部再用2000mg/L的浓度消毒。环境表面不建议使用高水平消毒。当存在有机物污染时，对含氯消毒剂杀菌效果影响很大，相当于血液体液把致病性微生物包裹起来，不容易被常规浓度的含氯消毒剂杀灭，因此需要增加使用浓度。

2. 多重耐药菌

需要增加患者周围环境表面的消毒频次，消毒剂浓度无须增加，使用常规浓度500mg/L。因为多重耐药菌耐的是抗菌药，而非消毒剂。

3. 乙肝、丙肝

HBV、HCV属亲脂类病毒，对消毒剂抗力最低，通常500mg/L含氯消毒液可以灭活病毒，但由于HBV、HCV为经血传播病原体，通常存在于血液、体液中，有机物对消毒剂杀菌效果影响很大，故针对血液体液的污染建议将含氯消毒液的使用浓度提高到2000mg/L。其他如诺如病毒，消毒浓度需要提高到2000～5000mg/L。突发不明原因传染病应根据国家发布的规范和指南操作。

（二）工程"四害"的消杀

1. 灭蚊

消杀灭蚊、控制蚊类密度，减少对人群的叮咬骚扰，是预防蚊媒传染病流行的重要技术措施。

（1）环境防治：制蚊虫繁殖的关键在于消除其繁殖环境。这可以通过直接消除蚊虫繁殖场所或间接改变其环境条件来实现，目的是创造一个不利于蚊虫生长的环境。具体做法如图5-13所示。

> 土地整治，如填平低洼地区和水坑
> 清理可能积水的容器，防止蚊虫幼虫繁殖
> 改善排水系统，将明渠改为密封的暗渠
> 加强市政设施，增强防蚊措施

图5-13 灭蝇环境防治方法

（2）化学灭蚊：灭蚊可以采取多种方法，包括空间喷雾、滞留喷洒和使用蚊香。空间喷雾能有效迅速地消灭室内外成蚊，可通过超低量喷雾器、迷雾喷雾器或烟雾机来施用杀虫剂。室外喷雾可能受到风的影响，因此迷雾喷雾器更为适合；而室内及无风环境则可使用超低压喷雾器或烟雾机，例如喷洒沙飞克杀虫剂。滞留喷洒则是在蚊子可能停留的地方施药，如室内墙面（特别是2m以下）、床底和帐篷内面。在窗纱和门帘上喷洒杀虫剂，如1%奋斗呐药剂，按照100mL/m²的剂量，也能取得良好效果。在蚊虫密集区域，点燃蚊香也是有效的驱蚊手段。

（3）使用杀虫剂的注意事项如图5-14所示。

2. 灭蝇

消杀灭蝇、控制蝇类密度，是虫害控制的首要任务，也是预防肠道传染病的有效办法。其主要针对蝇密度高的场所，如建筑施工现场的食堂、食品加工场所、厕所、垃圾堆放场所以及其他人口稠密的场所。

仔细阅读产品说明，并严格依照指导使用

个人防护措施，包括穿戴工作服、口罩和橡胶手套

注重环境保护，特别是水源

避免在喷药期间进食、吸烟或饮水

记录灭蚊操作的详细情况

出现中毒症状，应立即寻求医疗帮助

图5-14 杀虫剂的注意事项

（1）综合防蝇策略如图5-15所示。

（2）化学灭蝇方法：①毒饵法，即利用敌百虫、敌敌畏或倍硫磷等药物，与苍蝇喜爱的食物混合制成毒饵，吸引苍蝇取食。②滞留喷洒，在室内苍蝇常停留的区域均匀喷洒三氯杀虫剂或奋斗呐，接触即致命。③快速灭蝇，使用敌敌畏乳剂、辛硫磷乳剂或市售气雾剂对室内空间进行喷洒，迅速消灭苍蝇。④蝇蛆防治，即对蝇蛆繁殖地喷洒敌百虫水溶液、杀螟松或倍硫磷等，有效杀灭蝇蛆。⑤健康教育，加强环境卫生宣传，鼓励群众清理垃圾废物，积极参与成蝇的灭除工作。

（3）注意事项与"灭蚊"部分相同。

3. 灭蟑

（1）环境防治：环境防治是确保化学防治效果并防止蟑螂入侵和繁殖的关键。有效的防治措施如图5-16所示。

（2）化学防治：化学防治蟑螂主要包括以下几种方法：①喷洒法：使用0.025%溴氰菊酯胶悬剂或0.05%奋斗呐等药物，通过全面喷洒、屏障喷洒或针对栖息地的点状

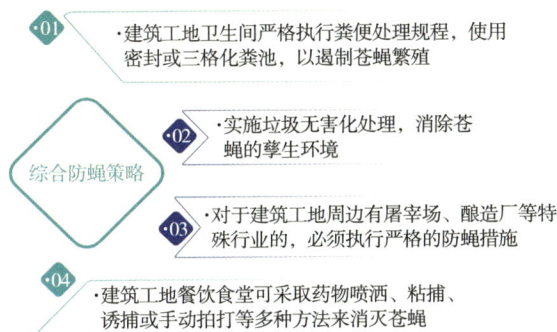

综合防蝇策略

·01 建筑工地卫生间严格执行粪便处理规程，使用密封或三格化粪池，以遏制苍蝇繁殖

·02 实施垃圾无害化处理，消除苍蝇的孳生环境

·03 对于建筑工地周边有屠宰场、酿造厂等特殊行业的，必须执行严格的防蝇措施

·04 建筑工地餐饮食堂可采取药物喷洒、粘捕、诱捕或手动拍打等多种方法来消灭苍蝇

图5-15 综合防蝇策略

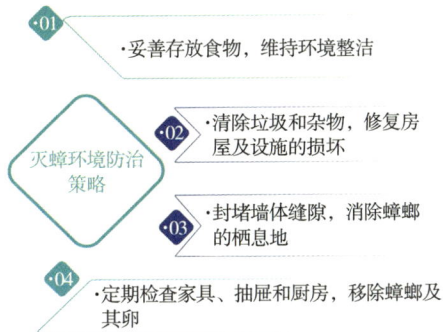

灭蟑环境防治策略

·01 妥善存放食物，维持环境整洁

·02 清除垃圾和杂物，修复房屋及设施的损坏

·03 封堵墙体缝隙，消除蟑螂的栖息地

·04 定期检查家具、抽屉和厨房，移除蟑螂及其卵

图5-16 灭蟑环境防治策略

喷洒来防治蟑螂。②毒饵法：将1%乙酰甲胺磷、3%敌百虫、2%敌敌畏等药物与蟑螂喜好的食物混合，制成不同剂型（如片剂、颗粒剂、糊剂、水剂）进行投放。③药笔封涂：可以使用药笔进行封涂，以达到毒杀效果。

4. 灭鼠

了解老鼠的习性和行为模式是有效灭鼠的前提。灭鼠主要分为两种策略：

（1）物理方法：利用捕鼠笼、鼠夹、重物压制、倒扣金属容器、翻板溺水或翻动草堆等技术捕捉老鼠。

（2）化学方法：通过药物诱杀，具体包括：①敌鼠钠盐，一种慢性毒鼠剂，以0.05%~0.3%的配比制备成不同类型的毒饵。②磷化锌，一种急性毒鼠剂，对家鼠使用2%~3%的浓度，对野鼠使用5%~10%的浓度，制成黏附或混合毒饵。

（三）白蚁的防治

白蚁对于人体造成的伤害并不严重，但是会对房屋建筑物造成较大的破坏。部分人在接触白蚁后，有可能皮肤会对白蚁产生过敏反应，从而出现局部皮疹、瘙痒等症状，需要给予药物外涂抗过敏以及对症减轻瘙痒症状。少数情况下，白蚁可能会咬伤人的皮肤，使皮肤局部出现轻度的损伤，或者可能会导致感染发生，需要外用抗生素软膏来控制感染，减轻症状。白蚁防治工程技术旨在通过营造不适宜白蚁生存的环境，预防其繁殖、扩散和侵害，增强建筑物的抗白蚁能力。

1. 药剂选用

根据工程地理位置和结构差异，选择施药和处理方法时遵循"高效、低毒、长残效期、小污染"的原则，可选定氯丹作为药剂，原油成分需不低于60%，乳剂稀释后24h内无沉淀或分层。

2. 材料检查

材料进场前，检查药剂名称、生产信息、剂型、浓度和生产日期是否完整，并需附带说明书和合格证。

3. 施工与记录

施工前，抽样送至专业机构复测，确保成分与厂家数据一致。施工完成后，将相关资料存档，以便工程验收时提供质量证明、浓度检测报告和施工验收记录。白蚁防治施工部位及药物用量如表5-6所示。白蚁防治过程的施工质量及职业健康保证措施如表5-7所示。

表5-6 白蚁防治施工部位及药物用量

序号	施工部位及药物用量
1	在室外地下室外墙施工中，完成防水保护层后，进行回填作业至室内地坪设计标高。随后，在外墙外侧200mm范围内均匀施加药物处理，选用药物为氯丹，施药浓度设定为1%
2	首层室外墙基和散水区域的处理，重点防治白蚁通过地面与墙体间的缝隙侵入，故应在墙边地面进行细致处理。在室外绿化区域铺设前，使用低浓度的氯苯喷洒以预防害虫。首层地面基层清理完毕后，在铺贴饰面砖之前，对室内墙体1m线以下部分喷洒1%浓度的氯丹药液进行防护
3	室内所有竖向管井、电梯井内
4	门窗框与墙面、楼面、地面接触部位
5	楼体部分

表5-7 白蚁防治过程的施工质量及职业健康保证措施

序号	施工质量及安全保证措施
1	在执行白蚁防治工程时，施工人员需遵守以下规程：全程佩戴安全帽、穿着工作服以及橡胶手套，以确保个人健康。施工现场内禁止吸烟和进食，以防污染。施工结束后，必须彻底清洗可能接触到皮肤的药液，以维护个人卫生
2	施工前，对药物容器和工具进行检查，禁止使用有裂缝的容器，确保施工安全
3	施工结束后，所有未使用完的药物和工具必须及时归还仓库，并得到妥善管理。使用过的药剂应存放于指定地点。同时，对装载药剂的容器进行彻底清洗，以维护环境卫生和准备未来的使用
4	露天施工应选择无雨天气进行，以避免雨水或建筑用水冲刷已处理的白蚁防治区域，确保防治效果
5	药物配制工作应由指定专员负责。在开始工作前，该专员需充分了解药物特性及配制技术。配制过程中，必须使用专用量具和设备，严格遵循既定的操作规范进行精确配制
6	施工时，无关操作人员应回避。回避时间应在2～4h

三、常见污染物处理方法措施

（一）环境污染

1. 空气污染

空气污染主要分为颗粒物污染和气态污染两大部分。施工场地上的扬尘，常常由水泥、回填材料等人为操作或自然气象条件引起的颗粒物飘散造成。特别是在建筑拆除、土方工程和研磨作业期间，这些活动容易使地面尘土飞扬。同时，施工过程中的废气排放也会对空气质量造成影响。气态污染主要来源于施工中使用的运输车辆和机械设备排放的尾气，以及沥青等建筑材料和一些可能释放有害气体的化工添加剂的使用。这些污染物种类繁多，危害性大，尤其是在通风不良的环境中，对空气质量和人体健康的潜在影响更为显著。

2．水体污染

施工现场是污水排放的主要源头之一。施工过程中产生的污染物主要源自两个方面：一是直接由建筑活动产生的污水，二是现场工作人员产生的生活污水。建筑施工污水包括废水泥浆、钻探产生的岩屑、冲沙水和碎石车辆带来的污水等。如果施工中使用的物料，如油污、有害原料、外加剂以及其他废弃物未得到正确处理，也可能成为污染源。

3．噪声污染

建筑施工活动产生的噪声是对环境造成干扰的一个重要因素。在整个建筑周期中，由于工程需求，施工现场的机械操作是不可避免的噪声来源，包括压路机、拖拉机、金属卷扬机和电锯等设备。机械运作时物料间的强烈作用和碰撞是最主要的噪声来源，例如打桩机的撞击声和磨盘与墙面的摩擦声。这些噪声的声功率级可高达130dB，可能会对施工人员造成职业性听力损伤。

4．固体废物污染

建筑固体废物，也被称作建筑垃圾，是在工程建设过程中产生的固体或泥浆状材料，包括废弃的建筑原材料、半成品以及拆除旧建筑时产生的废料，如废旧水管、砖块和泥土等。这类废物的产生量巨大，其处理不仅占用大量土地资源，还可能对土壤及地下水造成污染。

（二）建筑施工造成的危害

施工项目若未遵循环保标准，可能对居民的生活环境造成负面影响。废水和废渣等建筑废物处理不当，不仅可能对人体健康和安全构成威胁，还可能破坏周边环境的和谐。夜间施工尤其加剧了这些影响。建筑垃圾处理不当可能引发安全事故，如垃圾倾倒影响行人和住宅安全。施工现场的脏乱差和其他不文明施工行为，不仅损害企业形象，还对环境造成污染和破坏。

（三）建筑企业施工现场防治环境污染的措施

建筑企业施工现场防治环境污染的措施包括制度建设、污染控制、废弃物处理和绿色施工等。为保护施工场所环境，须对现有的环保管理架构进行完善，确保管理程序规范、职责划分明确、污染处理及时。

1．完善施工现场环境管理责任制度建设

第一，领导责任明确化，确立项目经理作为环保管理的关键角色，负责构建并领导环保团队，制定环保规章和计划，以确保管理层次清晰，职责分配合理，运作高效。第二，职责分配具体化，明确各级管理人员、技术专家和现场负责人的具体职责，确保每位成员都清楚自己的任务。第三，环境监管制度化，建立定期的环境监管

体系，涵盖施工污染状况和环保措施的监督。监管体系分为三个层级，总环境负责人按季度、月度或十天周期进行审查；技术负责人，按季度或项目需求进行专项审查；班组长执行定期审查、班前自检和交班审查。第四，监管结果透明化，审查结果需公开，以促进持续改进，确保环境管理措施得到有效实施。第五，环境教育强化，通过多种方式，如宣传标语、横幅、教育视频和黑板报，增强作业人员的环保意识。实施奖惩制度以增强培训成效，确保环境管理工作的连续性和有效性。第六，完善管理体系，不仅包括专项工程技术和环保规定，还应涵盖工程竣工验收、设备检查、资产保护以及消防安全等全面管理制度，形成以环境保护为核心的综合管理体系。

2. 完善空气污染控制工程措施

第一，在工程项目的初期阶段，预拌水泥是首要步骤。施工现场必须使用密封砂浆搅拌机，并保证搅拌机棚的密封性，同时采取高效的防尘措施。所有混凝土等建筑物料应在密封条件下储存，以减少粉尘扩散。对于任何裸露地面，采取主动的抑尘策略是必要的，包括安排专人执行定期喷水任务，降低扬尘。对于广泛的裸露区域、边坡以及堆积的土地，应实施综合抑尘措施，如绿化和使用喷浆混凝土，以保障环境得到持续保护。第二，在施工区域内，必须设立专门的垃圾收集站，并确保垃圾得到规范地分类、处理和运输。在高层和多层住宅项目建设中，建筑废弃物应通过专用的密封管道或容器进行收集，并采用吊装技术安全地进行搬运。进行土方工程和其他可能引起扬尘的活动时，应确保风速不超过四级，以降低粉尘对环境的污染。施工现场须采取覆盖措施以保护土壤，并定期由指定人员执行洒水任务，保持土壤湿度在15%~25%之间，有效减少扬尘。在进行机械挖掘工作时，也需实施防尘策略，包括局部遮挡、覆盖或喷洒水雾等，以控制粉尘扩散。第三，工作人员在作业时需佩戴个人防护用品。在拆除旧建筑过程中，为减少对周围环境的扬尘污染，必须实施喷水降尘措施。工地需安装喷水系统和清洁工具，用以有效控制扬尘。此外，工地上所有机械设备和车辆均应符合国家尾气排放标准，并需定期维护保养，确保排放合规。对于任何不符合排放标准的有害气体排放设备，应立即停用。

3. 完善污水控制工程措施

第一，执行严格的污水管理措施，确保处理达标，符合《中华人民共和国水污染防治法》及《污水综合排放标准》GB 8978—1996。面对台风、暴雨带来的径流、城市污水及建筑污泥，将综合运用物理沉降、化学处理和生物净化技术进行净化。第二，在餐饮等污水产生量大的区域，应设置隔油池，对污水进行预处理后，再接入城市污水管网。定期对油水分离器进行清理，确保污水得到有效处理。第三，对于偏远工地，可建立小型化粪池和渗透井，以处理厕所污水。储油区须实施防渗措施，避免油品泄漏。条件允许时，可增设雨水收集系统，促进雨水自然排放和循环利用。

4. 完善噪声控制工程措施

第一，工地遵循《建筑施工场界环境噪声排放标准》GB 12523—2011，合理安排施工机械使用和作业时段。定期对搅拌机等设备进行维护，及时排除故障。第二，高噪声设备应布局远离居民区，减少对居民的干扰。选择低噪声标准的机械，并实施减振和消声措施，比如在机械外部安装隔声材料，或通过遮蔽物和绿化带来降低噪声。第三，在施工中减少人为噪声产生，例如避免料斗和钢筋的直接碰撞。对于必须进行的机械凿岩作业，优先选择低振动和低噪声的设备，如破碎枪。第四，在夜间（22：00至次日6：00）和午休时段（12：00至14：00），避免进行高噪声作业。混凝土运输泵和振捣作业也需采取降噪措施，以确保噪声水平不超过规定标准。

5. 完善固体废弃物的处理工程措施

第一，施工现场的物料和废料运输需遵守严格规范，确保载重量适当且车辆清洁。配备洗车设备，保证车辆离场均经过彻底清洗。运输散装物料如土方、工业废渣等时，必须使用机械盖密封。对于混凝土、废物和有机挥发物的运输，也需采取适当的遮盖或封闭措施。第二，卸货应在指定区域内，通过控制作业方式以降低粉尘等污染。垃圾运输要合规，防止废物溢流或混合，并确保送至政府认证的处理设施。第三，强化垃圾的回收和再利用，减少能源消耗并提升资源循环率。对工程废料实施分类管理，如再利用砂石生产骨料，破碎砖瓦作为三合土或回填材料，纸板、纸盒和编织袋等送往回收站。这样的做法有助于将废料转变成可再生资源，促进资源的循环利用。

6. 实施绿色施工

第一，着重推进绿色建筑，这不仅响应了构建资源节约、环境友好型社会的号召，也是实施可持续发展战略的重要一环。第二，摒弃传统的资源高消耗和粗放增长模式，转而采取更为高效和集约的发展方式，实现由劳动密集型向技术密集型的转变。

思考题

1. 常见的传染病有哪些？传染病有什么特征？
2. 影响传染病的现场环境影响因素有哪些？
3. 如何控制传染源？
4. 有哪些切断传染病传播的途径？
5. 建筑施工行业的主要环境污染问题是什么？

第三部分
建筑施工行业从业人员
医疗急救

第六章　建筑施工行业事故及伤害类型

导学

本章主要讲述建筑施工行业常见的事故及伤害类型。目的在于帮助建筑施工行业从业人员进一步了解建筑施工行业事故的背景和概况，掌握施工过程中常见的事故类型及其特征。在此基础上，系统分析建筑施工行业事故对人员和环境可能造成的伤害类型，探讨预防和减少建筑施工事故的方法和策略。

第一节　建筑施工行业事故类型分析

事故是指在生产经营活动中发生的意外的突发事件的总称，通常会造成人员伤亡或财产损失，使正常的生产经营活动中断。其中，意外事件指的是在生产、生活等活动中，因各种原因导致的不可预见、突然发生的意外事件，如火灾事故、交通事故等。人员伤亡指的是因事故导致人员伤亡，包括死亡、重伤、轻伤等不同程度。财产损失指的是事故可能导致财产损失，包括直接损失和间接损失，如设备损失、生产中断等。事故带来的危害无法估量，为此有必要进一步学习并加深认识，从源头防止危险的发生。

一、事故原因及类型

事故的发生原因主要包括从业人员违反规定、操作疏忽、设备因素等。此外，由于事故的突发性和严重性等，其一旦发生很有可能产生无法估量的后果。从业人员有必要在工作过程中，遵守施工现场规定，认真细致操作，熟悉操作过程中可能存在的安全隐患，从而降低事故风险。根据《企业职工伤亡事故分类》GB 6441—1986，按事故原因将事故分为20类，见表6-1。

表6-1　根据事故原因的事故分类

序号	事故类别	序号	事故类别
1	物体打击	11	冒顶片帮
2	车辆伤害	12	透水
3	机械伤害	13	放炮
4	起重伤害	14	火药爆炸
5	触电	15	瓦斯爆炸
6	淹溺	16	锅炉爆炸
7	灼烫	17	压力容器爆炸
8	火灾	18	其他爆炸
9	高处坠落	19	中毒和窒息
10	坍塌	20	其他

二、建筑施工行业事故分析

建筑施工行业从业人员在高空作业、重型机械操作、材料搬运等过程中面临着潜在风险，其中高处坠落、物体打击、坍塌事故、机械伤害、触电事故五种，为建筑施工行业最常发生的事故，占事故总数的近90%，如图6-1所示。

"五大伤害"的消极影响是多方面的。一是对个人和家庭造成伤害，家庭成员可能会因为亲人的突然受伤或离世而陷入悲痛之中，可能一个家庭直接失去经济来源，甚至造成妻离子散的后果。二是影响企业声誉，尤其对于中小企业而言，可能是毁灭性的打击。因此，预防和控制建筑施工过程中的事故至关重要。

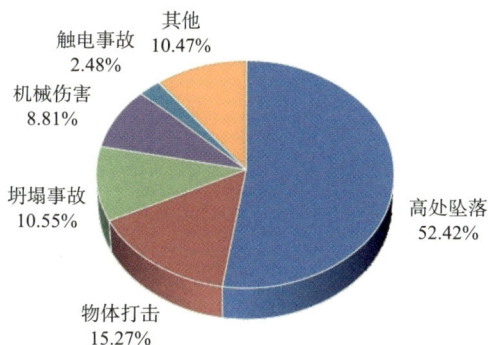

图6-1　建筑施工行业事故类型情况

第二节　建筑施工伤害——高处坠落

高处坠落事故是指由于危险重力势能差引起的事故，如图6-2所示。此类事故通常发生在脚手架、平台、陡壁等高于地面的施工作业场合；也会发生在地面踏空失

图6-2　高处坠落事故

足坠入洞、坑、沟、升降口、漏斗等情况下。但不包括以其他类别作为诱发条件的坠落事故。如高处作业时，因触电失足坠落应定为触电事故，不能按高处坠落划分。无论是从高处坠落地面还是由地面坠入地下，判定为高处坠落的高度差均在2m及以上。

一、高处坠落事故特点与类型

高处作业时四边临空，安全条件差，危险因素多，事故发生率高且后果严重。人在高处作业，需依靠各种防护设施（护栏、安全网、安全带、安全帽）以及有关辅助设施来保障安全作业。如果这些设施有缺陷、不牢靠或防护用具使用不当，均会发生事故。且高处坠落事故后果严重，一般从2m以上高处坠落不死即伤，死亡占多数，受伤程度一般为重伤残疾，轻伤的较少。高处坠落事故的形式主要包括从脚手架坠落、从预留洞口坠落、从电梯口（井）坠落等，具体如图6-3所示。

二、高处坠落事故原因

高处坠落事故原因主要包括以下几点。一是违反《建筑施工安全检查标准》JGJ 59—2011的有关规定，如图6-4所示。如脚手架无施工方案；脚手架外侧未设置密目式安全网，或网间不严密；超高的脚手架和悬挑脚手架，以及卸料平台未经设计计算；附着式升降脚手架的升降装置、防坠落和防倾覆装置不符合要求；脚手架的搭设不符合施工组织设计要求和有关脚手架规程的规定等。

二是违反《建筑施工高处作业安全技术规范》JGJ 80—2016的有关规定，如图6-5所示。如脚手架、作业平台安装完毕时，没有经施工负责人验收，或安装未到位，就匆忙违章使用；施工中对高处作业的安全技术措施执行不到位，发现有缺陷和隐患时，

从脚手架坠落　　　　　　从预留洞口坠落　　　　　从电梯口（井）坠落

从垂直运输设施上坠落　　　从安装结构上坠落　　　从楼面、屋顶、临边坠落

图6-3　高处坠落事故的形式

图6-4　违反《建筑施工安全检查标准》
JGJ 59—2011时的潜在风险

图6-5　违反《建筑施工高处作业安全技术规范》
JGJ 80—2016时的潜在风险

没有及时解决；危及人身安全时，未停止作业；临时拆除或变动安全防护设施时，未经施工负责人同意，便随意拆除变更；在临边与洞口作业时，未设置防护栏杆和牢固的盖板及安全网；在攀登作业时，没有设置上下马道、扶梯，提供攀登的设施不符合规定等。

三是违反《特种作业人员安全技术培训考核管理规定》的要求。如架子工、电工、电焊工等作业人员不经培训，擅自登高作业，导致高处坠落事故的发生。

三、高处坠落案例分析

案例一：韦某私人承接徐某、李某某厂房翻新维修工程，安排陈某等4名不具有高空作业证的从业人员在距离地面约9m高的厂房棚顶上更换破损的瓦顶，施工现场设有俗称"生命线"的安全绳，从业人员按要求需穿戴安全背心并将安全绳挂扣在"生命线"上。陈某在作业过程中未按要求正确佩戴和挂扣安全绳，在棚顶行走过程中不慎踏到采光瓦，采光瓦因受力破碎，导致陈某从棚顶坠落至水泥地面。后经120医护人员确认，陈某当场死亡。

事故的原因分析：陈某安全意识淡薄，未取得高空作业资格证，违规从事高空作业，作业时未采取有效安全防范措施，未按要求正确佩戴安全绳，不慎踏到采光瓦，采光瓦因受力破碎，导致陈某从距离地面约9m高处的棚顶坠落。

案例二：某项目工地1号楼发生了一起高处坠落事故，造成了2人死亡。此次事故导致直接经济损失约500万元。事故的发生过程是：油漆工刘某、颜某、欧某和闵某到1号楼西侧开始准备外墙油漆修补工作。刘某和颜某先后进入1号楼的吊篮，由颜某操控吊篮起升机，准备到顶楼（9层约55m）进行外墙油漆修补作业。14时10分，吊篮上升至1号楼4层处（高约18m），右边吊绳忽然断裂，导致吊篮向右倾斜（事故发生时，刘某和颜某未系安全带、佩戴了安全帽），致使刘某和颜某前后坠落至地面，经120现场抢救无效死亡。

事故的原因分析：油漆工刘某、颜某无证、违章进行高空作业。二人没有按照规定要求系好安全带，进而导致惨剧发生。

四、高处坠落事故预防措施

综合以上分析，对于高处坠落事故可以有针对性地采取预防措施，从而有效地预防高处坠落伤害事故的发生。

（一）人的不安全行为的控制措施

第一，要严格规章制度，加大处罚力度，提高违规成本。第二，对于人操作失误和注意力不集中，应该严格执行安全盯守制度，特别是对于一些关键工序和关键区域，如搭建和拆除脚手架、模板支撑架，以及安装、拆卸、调试起重设备等，在特殊高处作业过程中等，可以安排专职安全员进行全程监督，以降低由人员失误和注意力不集中所造成的风险。

（二）物的不安全状态的控制措施

第一，避免安全防护设施材质强度不够、安装不良、磨损老化等问题。第二，把好材料的进场验收关。例如，用于搭建施工脚手架和模板支撑系统的钢管、扣件、脚手板以及工具式防护设备等必须符合相关规定和标准要求。有条件的企业可以考虑通过总部统一采购这些材料，然后再分发至各个施工项目，以确保材料的质量达到标准要求。第三，把好安全防护设施的竣工验收关。针对从业人员搭建的安全防护设施，由项目部的安全管理负责人带领，与施工员、预算员、安全员和质检员等一同参与，按照《建筑施工高处作业安全技术规范》JGJ 80—2016、施工组织设计中的安全技术措施或安全专项施工方案等要求进行联合验收。只有经过验收合格后，方可投入使用。此外，还需定期检查已验收合格的防护设施，确保其状态良好，以免因使用过程中出现问题而导致事故的发生。第四，需要定期检查、维护和保养吊篮、悬挑脚手架、悬挑平台和转料平台的钢丝绳。必须严格遵循《起重机 钢丝绳 保养、维护、检验和报废》GB/T 5972—2023的相关要求进行报废处理，不能带"病"使用。第五，对于一些容易发生坠落事故的设备和装置，如施工电梯的防坠装置、手拉葫芦以及电动葫芦等，必须由专业人员在每次使用前进行彻底检查，确保符合要求后方可投入使用。此外，应注意设备和设施的使用年限规定，不得超过规定期限，以免因装置失效而导致坠落事故的发生。第六，要佩戴符合质量要求、有生产许可证和产品合格证的劳动防护用品。

（三）环境原因的控制措施

第一，合理安排作业工序，尽量减少长时间露天高处作业的时间。第二，尽量减少特殊高处作业的频率。如果确实无法避免，必须采取相应的安全措施。例如，在雨、霜、雾、雪等天气条件下进行高处作业时，应当实施防滑和防冻措施，并且及时清除作业面上的水、冰、雪或霜。第三，在恶劣气候条件下，不得进行露天攀登或悬空高处作业。在暴风雪或台风暴雨过后，必须对高处作业的安全设施进行检查，确保合格后方可重新使用。

（四）管理措施

第一，根据相关安全生产法律法规和规章制度的要求，必须建立健全企业的安全生产管理制度和安全操作规程，并及时对其进行更新和完善。需要将企业的管理制度和操作规程传达、交底给每一个部门、项目和从业人员，使得企业的管理和作业都能够规范化、程序化，从而提升企业的安全管理标准化水平。第二，根据《建筑施工高处作业安全技术规范》JGJ 80—2016和《危险性较大的分部分项工程安全管理规定》，在施工组织设计中制定具有指导性、针对性和易操作性的高处作业安全技术措施，并进行必要的专家论证。同时，可以通过事故案例分析会议、班前会议等方式进行安全教育培训和安全技术交底，以确保施工现场的技术人员和施工人员了解必要的高处作业技术知识，以防止坠落事故的发生。第三，必须加强施工现场安全生产隐患的排查和整改工作。对施工现场存在的违章行为、高处作业施工计划的实施情况、现场安全防护设施的损坏和修复等问题，都需要通过安全检查来验证和解决。

（五）其他

第一，用好安全"三宝"：一是安全帽，二是安全带，三是安全网。第二，做好"四口"防护："四口"指楼梯口、电梯口、预留洞口和出入口（也称通道口）。第三，做好"五临边"的防护："五临边"指尚未安装栏杆的阳台周边，无外架防护的层面周边，框架工程楼层周边，上下跑道、斜道两侧边，卸料平台的外侧边。"五临边"必须设置1.2m高的双层围栏（每层60cm）或搭设安全立网。第四，严把脚手架的"十道关"：材料关，即必须严格按照规程和规定的质量、规格来选择材料。尺寸关，即必须按照规定的间距来进行设置。铺板关，即必须保证架板满铺，不得留有空隙，并且要经常清理板上的杂物，确保安全。栏护关，即栏杆或者立挂安全网必须设在脚手架的外侧和斜道两侧，高度为1.2m。连结关，即必须设有剪刀撑和支撑，并且必须与建筑物牢固连接。承重关，即脚手架均布荷载。结构架应该控制在270kg/m^2，装修架应该控制在200kg/m^2，其他类型的架子必须通过计算和试验确定承重荷载，并且标准的架子必须严格按照规程规定负荷。上下关，即必须为从业人员上下架子搭设马道或阶梯，严禁施工人员从架子上爬上爬下以避免事故发生。雷电关，即金属脚手架与输电线路必须保持一定的安全距离，或者设置隔离防护措施。电线一般不得直接绑扎在架子上，如果需要绑扎，必须加垫木隔离。如果金属脚手架高于周围的避雷设施，必须重新设置避雷系统。挑梁关，即对于悬吊式吊篮，除了按规定加工外，必须严格按照方案设置。检验关，即在架子搭建完成后，必须由技术和安全等部门进行共同检查验收，合格后方可投入使用。同时，在使用过程中，应定期进行检查，发现问题及时处理。

第三节　建筑施工伤害——物体打击

施工现场上，未固定或不当处理的物体可能从高处落下，击中下方的从业人员，造成撞击伤害。物体打击事故是指由失控物体的惯性或重力等其他外力的作用下，对人身造成的伤害事故，如落物、滚石、锤击、碎裂、崩块等，如图6-6所示。但不包括因爆炸、起重机械吊装等引起的物体打击。在施工周期短、劳动力和施工机具投入较多、交叉作业频繁的情况下，物体打击这类风险更容易出现。

一、物体打击事故特点与类型

图6-6　物体打击事故

物体打击事故特点包括以下几个方面。一是广泛性，在各类行业中均会发生物体打击伤害事故，建筑施工行业尤为突出。二是偶然性，事故一般没有预兆，具有突发性，不易防护。三是必然性，现场管理混乱，交叉作业多，制度落实不到位；隐患作业多，现场检查少等，违章行为未能及时纠正和制止。四是伤害性，多数物体打击能量大，凡受伤者，轻者伤残，重者可能导致死亡。

物体打击事故包括不同类型。一是高处作业中，工具、零件、砖瓦、木块、钢筋、钢管和管夹等废杂物乱扔或悬空物掉落。二是地面作业时，硬物、反弹物碰伤、撞击。三是设备运转中，物体、物件、模具、器具、零部件及打桩过程中物件飞出，砂轮破裂等。四是使用各类工具（手锤、凿子、铁镐、斧头等）时，如果使用不当均会引起物击伤人事故。五是大风等强力自然因素造成的物体打击。

二、物体打击事故原因

物体打击是建筑施工过程中常发生的事故之一，其原因也是各式各样的，但归纳起来主要有以下几方面原因。

（一）物的不安全状态

设备设施存在缺陷，陈旧老化，安全性能差，无法承受突然增大的离心力，再加上安全防护装置不齐全，或损坏、失灵等；作业场所防护设施缺乏，脚手板不满铺或铺设不规范，材料堆放不稳、过多、过高；拆除工程未设警示标志，周围未设护栏或未搭设防护棚；缆风绳、地锚埋设不牢或缆风绳不规范、不合格；平网、密目网防护不严，不能很好阻挡坠落的物体等。

（二）人的不安全行为

未按规定穿戴个人劳动防护用品，如安全帽、防砸背心、防砸鞋等；冒险进入危险场所；作业时未能观察周围环境，站立在危险作业区下方作业或与人谈话等；高处或上层作业和坑内作业中操作方法错误，如用抛掷方法取送材料、工具或拆卸设施（脚手架、模板、平台、钢结构件）时，无任何防护措施，造成落物伤人，如图6-7所示；又如在基坑边坡旁作业时，未检查四周环境，也未采取预防措施，致使落物造成伤害事故。

图6-7　人的不安全行为造成物体打击事故

（三）安全监管不到位

没有严格执行法律法规和标准；安全意识淡薄，安全教育流于形式，内容浮浅，不切合实际；各项管理制度不健全，责任制贯彻不到位，安全交底不明确；现场管理混乱，作业环境差，如作业中所用材料、工具、成品、半成品等乱堆乱放，工作场地狭窄，安全距离不够，搬运物件时，采用的方式不符合规范标准，施工中立体交叉作业管理不力及违章作业无人制止等。

三、物体打击事故案例分析

某建筑公司2号堆场，当天从业人员班某在假期期间带着其妻子来加班作业，对已贴完瓷砖的水泥预制板开展贴墙纸作业，如图6-8所示。为作业方便，班某拆卸用来固定水泥预制板的"山"字存放架的支撑螺栓。班某站在人字梯上，从水泥预制板顶部由上往下开始贴墙纸作业，其妻子在下面递墙纸。9时10分许，水泥预制板倒了，2人均被水泥预制板压倒在地。

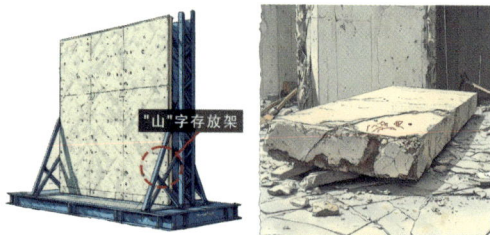

已贴完墙纸的水泥预制板　　　　事故现场图

图6-8　物体打击事故发生现场

事故的发生原因分析：班某安全意识淡薄，在非工作时间带着其妻子进入厂区作业，为方便贴纸作业，在无任何其他支撑措施时，违规拆卸"山"字存放架上起固定作用的支撑螺栓，致水泥预制板失去平衡后倾倒，其被压在水泥预制板下，导致事故发生，造成1人死亡，1人受伤，直接经济损失为138万元人民币。

四、物体打击事故预防措施

第一，施工人员必须正确使用规定的安全防护用品，并严格遵守指定的安全通道出入和上下。非指定通道禁止通行，如图6-9所示。

第二，作业现场的设备和管线必须牢固固定，禁止使用承重力不足、易断裂的绳条（如线绳、布条、麻绳等）来固定设备或管道，如图6-10所示。

第三，物料和备件必须整齐堆放，以防止跌落造成伤害，如图6-11所示。

第四，高处作业时禁止抛掷物件，使用起重机械或垂直运输机具运送时，下方人员必须远离危险区域，并注意防止零部件落下造成伤害，如图6-12所示。

图6-9　人员进出通道

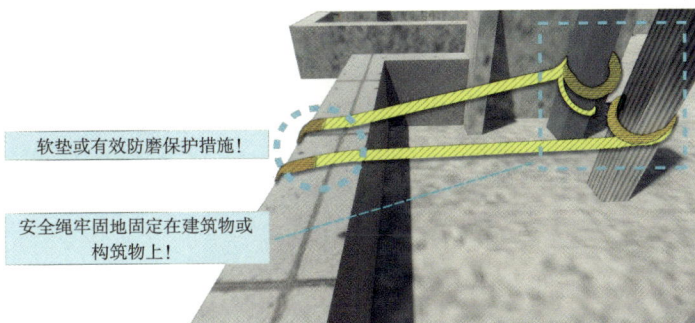

软垫或有效防磨保护措施！

安全绳牢固地固定在建筑物或构筑物上！

图6-10　安全绳牢固绑扎在建筑物上

图6-11　物料和备件整齐堆放

图6-12　下方人员必须远离危险区域

第五，在拆除或拆卸作业时，下方不得有其他人员；且禁止同时上下拆除，如图6-13所示。

第六，拆除/拆卸作业应设警戒区域，由专人负责监护警戒，如图6-14所示。

第七，物件拆除后，临时堆放处离堆放结构边缘不应小于1m，堆放高度不得超过1m。楼层边口、通道口、脚手架边缘等处，不得堆放任何拆下物件，如图6-15所示。

图6-13 拆除或拆卸作业时，下方不得有其他人员

图6-14 专人负责监护警戒

图6-15 楼层边口、通道口、脚手架边缘等处，不堆放拆下物件

图6-16 及时清理、运走物料和建筑垃圾

图6-17 作业中的走道、通道板和登高用具，应清扫干净

图6-18 交叉作业注意事项

第八，高处拆除作业时，拆卸下的物料和建筑垃圾要及时清理和运走，不得随意乱放或向下抛掷，如图6-16所示。

第九，高处作业现场所有可能坠落的物件均应预先撤除或固定，存放的物料应稳固堆放。随身作业工具应装入工具袋。作业中的走道、通道板和登高用具，应清扫干净，如图6-17所示。

第十，注意交叉作业，当上部区域存在坠物风险时，下部禁止作业，并用警戒线围挡，下部设专人值守，禁止人员进入，以防坠物伤害，如图6-18所示。

第四节　建筑施工伤害——机械伤害

建筑施工中使用大量机械设备，如吊车、叉车、起重机等。在施工过程中，如果对于机械设备操作不当或设备失灵，很容易发生事故，机械伤害事故是比较常见的施工事故类型之一，如图6-19所示。

一、机械伤害事故特点与类型

机械已经成为生产、储运、建筑施工和商品流通等领域中不可缺少的重要设备，使用日益广泛，

图6-19　机械伤害事故

数量和类型不断增加。其中，起重机械引发的事故最多，问题最突出。起重机械事故是指从事起重作业时引起的机械伤害事故（包括起重设备在使用和安装、拆除过程中的倾翻事故及提升设备过卷事故）。但不包括触电、检修时制动失灵引起的伤害，上下驾驶室时引起的坠落或跌倒。起重机械伴随着物的升降和大幅度运动，工作场所需要有很大作业空间，其设备的隐患和操作者不安全行为容易对作业空间内的人或设备设施造成伤害。

起重机械伤害事故的类型包括：一是吊物、吊索具打击事故，指起重机械在吊物或吊钩、吊臂、吊索具在运行、回转过程中，从水平方向打击（碰撞、挤压）人员而引起的伤害事故。二是吊物坠落打击事故，指起重机械吊起重物后，因脱钩、断绳等机械故障或操作失误使重物坠落引起的人员伤亡事故。三是结构损坏事故，指起重机械结构部件断落并严重损毁的事故。该类事故主要包括折臂和坠臂两种形式。折臂事故是指起重臂因超载或仰角调整不当超过其强度极限而使起重臂折断的事故。坠臂事故是指在正常操作情况下，因起重机械变幅机构制动器失灵或起重臂铰轴有裂纹等缺陷而引起的起重臂坠落事故。四是吊车倾翻事故。当起重机的动臂幅度过大、起重超负荷、不正确吊运物体时，均会产生起重机失稳现象，导致翻车事故，引起人身伤亡。五是违反了"十不吊"[①]规定。如斜吊、吊物上站人、捆扎不牢、指挥不力或无人指挥等违章行为所引起的起重伤害事故。

---

① "十不吊"主要包括：（1）指挥信号不明确或违章指挥不吊；（2）超载不吊；（3）工件或吊物捆绑不牢不吊；（4）吊物上面有人不吊；（5）安全装置不齐全或有动作不灵敏、失效者不吊；（6）工件埋在地下、与地面建筑物或设备有钩挂不吊；（7）光线阴暗视线不清不吊；（8）棱角物件无防切割措施不吊；（9）斜拉歪拽工件不吊；（10）钢水包过满，有洒落危险不吊。

二、机械伤害事故原因

首先，机械伤害事故的主要原因源自人的不安全行为，涉及管理人员和操作人员的因素等。具体原因包括：一是起重机司机工作责任心不强或操作技能差、精力不集中，对设备和作业环境不熟悉，遇有异常情况往往措手不及。二是司索工和指挥人员，未能严格遵守起重作业安全规程，不检查、不瞭望，指挥信号不标准，上下配合不协调，违章冒险作业。三是工作前未对起重机械及吊索具进行安全检查。四是操作中造成失误，如斜吊、变幅过大、起吊及回转过快过猛、运送速度过快，对重物估计错误而导致的超载、挂钩不牢等。

其次，物的不安全状态可能导致危险发生。一是零部件质量缺陷，如起重机械零部件材料存在砂眼、裂纹等质量缺陷。二是安装失误或不符合要求，如轨道基础不牢固，轨道安装有坡度，夹轨钳数量不足、强度不够，底座压铁重量不足，地锚埋设不符合要求及选用的绳卡不匹配等。三是设备设施陈旧、老化，如多股钢丝绳出现一股或多股断裂，吊钩磨损，有关安全装置（防坠安全器、断绳保护、力矩限制器、过卷扬限制器、起重幅度指示器、行程限位器、缓冲器等）失效或失灵。这些都是导致事故潜在的危险因素。

再次，环境因素也具有重要影响。一是因雷电、阵风、龙卷风、台风、地震等自然灾害造成的出轨、倒塌、倾翻等设备事故。二是因场地拥挤、杂乱造成的碰撞、挤压事故。三是因亮度不够或遮挡视线造成的碰撞事故等。

最后，管理因素也是可能导致机械伤害事故发生的原因之一。一是机械性能不良，或维修保养差，致使机械性能达不到原设计要求。二是机械设备安装不符合规定，如塔式起重机或施工电梯、物料提升机基础不符合设计要求，搭设后也不进行检查验收或验收不到位。三是吊钩、绳索不符合要求，如自制吊钩断裂，钢丝绳断丝，用麻绳或铁丝作索具等。四是司机或指挥人员未经专业培训，无上岗证，机械租赁和司机聘用违反管理规定，如不签订合同，也不审查有关资质和证件等。五是作业现场管理混乱，不执行专机专人的规定，指挥人员不熟悉所指挥的机械性能和现场环境，违章行为也无人制止，导致现场管理失控，酿成了事故的发生。

三、机械伤害事故案例分析

某项目负责人王某安排陈某和鲍某进行幕墙龙骨吊装作业。鲍某负责操作地面卷扬机起吊龙骨，陈某负责对龙骨进行捆绑固定。17时08分，陈某对幕墙龙骨一端完成捆绑固定后，鲍某操作卷扬机竖直起吊龙骨，陈某扶着龙骨防止其晃动。17时09分，吊装龙骨钢丝绳断裂，龙骨向东侧倾倒，砸压到进入吊装区域内贴吊篮合格标签的陈某。王某听到声响后赶到事发区域查看情况，鲍某立刻拨打120急救电话，救护车到场后将受伤人员送往医院，救治无效死亡。

事故的发生原因分析：陈某安全意识淡薄，违章进入幕墙龙骨吊装作业区域。单滑轮吊钩装置使用方式不当，导致钢丝绳防跳槽装置作用失效，幕墙龙骨构件起升吊运时，提升机钢丝绳跳槽卡入滑轮与侧板间隙处，与滑轮固定钢板摩擦剪切断裂，龙骨失去提升力倾倒，砸压到陈某，导致事故发生，如图6-20所示。

| 主楼幕墙 | 现场使用的卷扬机 | 断裂的钢丝绳 |

图6-20　机械伤害事故发生现场环境

四、机械伤害事故的预防措施

一是在施工现场，应建立并实施施工机械安全技术操作规程，并建档保存设备的安全技术资料。

二是机械设备的操作必须符合出厂使用说明书中规定的技术性能、承载能力和使用条件。严禁超载、超速或者违规使用，如图6-21所示。

图6-21　严禁超载、超速或者违规使用

三是所有机械设备上的安全防护装置和保险装置，以及各类安全信息装置必须完好有效。机械设备进场前应对其证件、性能和状况进行检验，并进行试运转。

四是施工技术人员应向操作人员进行安全技术培训和交底，操作人员必须熟悉作业环境和施工条件，并遵守现场安全管理规定，如图6-22所示。

五是大型机械设备的地基基础承载力必须满足安全使用的要求，其安装、试机和拆卸必须按照使用说明书的要求进行，经专业

图6-22　进行安全技术培训和交底

技术人员验收合格后方可使用，如图6-23所示。操作人员应按照机械保养规定进行例行保养，机械必须保持完好状态，并记录维修保养情况，不得带"病"运转。

六是在进行检修前，应悬挂"禁止合闸　有人工作"的警示牌，并且必须切断电源。在清洁、保养和维修机械或电气装置之前，必须确保机械稳定，严禁带电操作或采用预约停送电的方式进行维修，如图6-24所示。

七是在机械使用和维修时，操作人员和配合从业人员须使用劳动保护用品，如佩戴安全带等。多班作业机械执行交接班制度，记录交接班情况，如图6-25所示。

八是施工现场应为机械提供必备的作业条件，包括道路、水电、机棚及停机场地等。夜间作业必须提供充足的照明，如图6-26所示。

九是机械行驶的场内道路应平整坚实，并应设置安全警示标志。此外，多台机械在同一作业区域作业时，必须保持前后和左右的安全距离。在临近边坡、坑边缘或有坡度的作业现场，机械下方不得有任何人员，如图6-27所示。

图6-23　按照使用说明书操作

图6-24　进行检修前悬挂警示牌

图6-25　多班作业机械交接班制度

图6-26　施工现场为机械提供必备的作业条件

图6-27　机械下方作业人员必须远离危险区域

第五节　建筑施工伤害——坍塌事故

高层建筑越来越多，所涉及的基础施工工艺也比以往更加复杂。在进行高层建设施工的时候，可能会发生坍塌事故。建筑物结构不牢固，支撑杆或支撑架承重能力不足，都可能导致建筑坍塌，对从业人员和周围的人造成威胁。

一、坍塌事故特点与类型

坍塌伤害事故指建筑物、构筑物、堆置物坍塌以及土石塌方引起的事故。其包括因设计或施工不当而造成的倒塌，以及土方、砂石等发生的塌陷事故。如建筑物倒塌、脚手架倒塌、支模架垮塌、移动式操作平台倒塌、卸料平台倾覆、挖掘沟、坑、洞时土方的塌方以及围墙倒塌等情况。不包括因爆炸、爆破引起的坍塌事故。坍塌事故主要发生在施工作业中和使用各类设备、设施过程中。其中，在建筑、桥梁、道路

105

开挖和有关企业房屋建造、修缮、拆除及仓库堆置物等场所容易出现相应事故。其主要特点包括坍塌（倒塌）物自重大，作用范围大，往往伤及人数多，后果严重，属较大或重大人身伤亡事故。

坍塌事故发生的常见类型主要包括：基槽或基坑壁、边坡、洞室和土方坍塌等；地基基础悬空、失稳、滑移等导致上部结构坍塌；施工质量低劣造成建筑物倒塌；施工设施失稳倒塌；井架等设备倒塌；施工用临时建筑物倒塌；堆置物坍塌、拆房倒塌；大风等强力自然因素造成的倒塌。

二、坍塌事故的主要原因

坍塌发生的原因是多方面的。首先是物的不安全状态。一是基坑（槽）土方坍塌，多因挖土时土壁不按规定留设安全边坡，缺乏支护或支护简陋，土质不良或出现地下水、地表水的渗透，土壁经不住重载侧压力或遇外力振动、冲击等因素造成土壁失稳、滑坡坍塌。二是现浇混凝土梁支撑体系没有经过设计计算，模板或支撑构件的强度、刚度不足，模板支撑体系整体失稳。三是楼板混凝土强度未达到规定要求，提前拆模。四是新浇混凝土楼、屋盖上堆物过多，严重超载等。五是龙门架、卸料平台及井架物料提升机的安装或拆除，不按照规范要求执行。六是脚手架重心偏移、整体失稳；高层建筑架子架体高，叠加荷载大，超出下部杆件的屈服强度等。七是拆除房屋时，未按照规定作业，从上到下有序进行，而是采用了挖空底脚等错误方法。八是堆置物堆放不符合规范，物体堆放过高、不整齐、倾斜、基础不稳固、外力撞击等。

此外，人的不安全行为也是可能导致事故的重要原因。一是施工队伍在作业过程中怕麻烦、图省力、抢速度。二是有章不循，缺乏安全知识或经验不足，不按施工方案作业，违章指挥，违章操作。三是施工中存在盲目性、冒险性、随意性，从而触发了危险因素，造成了坍塌或倒塌事故的发生。

最后，技术因素和管理因素也是坍塌事故发生的重要原因。一是技术缺陷，如施工前未能全面了解作业环境，对搭设的防护设施、采用的材质、承载能力和强度、刚度及其稳定性都未能进行严格计算，从而为事故的发生埋下了隐患。二是管理混乱，如没有制定有效的安全生产管理制度，致使安全技术交底不到位；责任制落实不明确；违章作业无人制止；安全隐患无人检查与整改；安全教育不进行或敷衍了事等，这些都是酿成坍塌或倒塌事故的诱发因素。

三、坍塌事故案例分析

某中学体育馆屋顶发生坍塌事故，事发时，某中学两名教练带领17名女子排球队队员在体育馆进行排球训练。事故造成11人死亡、7人受伤，直接经济损失1254.1万元。

事故发生原因为：因违法违规修缮建设、违规堆放珍珠岩，珍珠岩堆放致使雨水滞留，导致体育馆屋顶荷载大幅增加，超过承载极限，造成瞬间坍塌的重大生产安全责任事故。

四、坍塌事故的预防措施

一是严格执行安全规范并做好检查和防护工作。所有从业人员都应严格遵守安全操作规程和标准，包括使用安全装备和工具。在施工前和施工过程中，要确保使用的所有设备都处于良好状态，并按照制造商的产品说明进行定期维护和检查。在施工期间，设置临时支撑和防护措施，以确保建筑结构的稳定性。

二是做好教育培训以及监测监管工作。所有从业人员都应接受有关安全操作和紧急情况处理的培训，以便他们能够正确应对突发情况。在施工前和施工期间，对土壤和地基条件进行定期监测，确保建筑结构的稳定性。要根据制定的施工计划，严格监督施工进度和质量，确保所有工作按照计划进行。此外，要定期进行安全检查和评估，及时发现并解决潜在的安全隐患。

三是提供合理的负荷分配和施工方法，并强化在施工过程中的沟通协作。在设计和施工过程中，需要合理分配荷载，并采用适当的施工方法，以确保建筑结构的稳定性。所有参与施工的人员都应加强沟通与协作，共同致力于安全施工，及时解决问题并减少事故的发生可能性。

第六节　建筑施工伤害——触电事故

建筑施工项目必然涉及电力作业。除建筑物的电气照明作业以外，在施工中也会用到许多电动机械和电动工具。触电事故是建筑行业的常见事故之一。由于施工现场临时用电的工作场所经常变动，经常在露天进行作业，并且需要频繁使用临时电源，这些特点使得施工企业在安全用电方面存在不足。此外，一线从业人员的安全意识和自我保护能力较弱，也增加了发生触电伤亡事故的风险。

一、触电事故特点、类型与规律

触电事故是指电流流经人体，造成生理伤害的事故。触电伤害分电击和电伤两种。电击是指电流通过人体内部，影响呼吸、心脏和神经系统，引起人体内部组织的破坏，以致死亡。电伤是指电流对人体表面的局部伤害，包括电弧烧伤、电烙印和皮肤金属化等伤害。触电事故往往是突然发生的，而且往往在极短的时间内造成严重的后果，死亡率较高。

触电事故的类型包括：一是人体与带电体直接接触。包括单相触电，即人在地面或其他接地导体上，人体某一部位触及带电体；双（两）相触电，即人体两处同时触及两相带电体。二是人体与带电体间接接触。包括跨步电压触电，即人体在带电导体故障接地点附近，作用于两脚之间的电位差造成的触电；接触电压触电，即人体触及漏电设备外壳，加于人手与脚之间的电位差造成的触电。

从触电事故导致的具体结果来看，当不同数值的电流作用于人体的神经系统时，人体会表现出不同的症状，因为神经系统对电流的敏感性很高。根据实验和事故分析得出的不同数值的电流对人体危害，如表6-2所示。

表6-2　交流电与直流电危害的特征比较

电流（mA）	50～60Hz交流电	直流电
0.6～1.5	手指开始感觉麻	没有感觉
2～3	手指感觉强烈麻	没有感觉
5～7	手指感觉肌肉痉挛	感到灼热和剧痛
8～10	手指关节感觉痛，手已难以脱离电源，但仍能摆脱电源	灼热增加
20～50	手指感觉痛，迅速麻痹，不能摆脱电源，呼吸困难	灼热更增，手部肌肉开始痉挛
50～80	呼吸麻痹，心室颤动	强烈的灼热，手部肌肉痉挛，呼吸困难
90～100	呼吸麻痹，持续2s或更长时间后心脏骤停或心脏停止跳动	呼吸麻痹

从触电事故的规律来看，一是6～9月触电事故多。由于天气炎热，多雨、潮湿，人体多汗、皮肤电阻率降低，同时也降低了电气设备的绝缘性能，最易发生触电事故。二是携带式和移动式设备触电事故多。这些设备经常移动，工作环境复杂，容易发生绝缘故障，同时经常在人紧握下工作，易发生触电事故。三是电气设备连接

部位触电事故多。这主要是插销、开关、接头等连接部位机械牢固性差、带电部位易外露，容易发生触电。四是低压设备触电事故多。主要是由于低压设备多，低压电网广，与人接触的机会多，同时低压设备简陋，管理不严，而操作者又往往缺乏电气安全知识。五是建设、建筑、机械行业及乡镇、个体企业、项目分包单位触电事故多，主要是由于作业现场混乱，移动式设备多，防范措施不力，容易发生触电事故。六是青年工人和外来民工事故多，主要是由于电气安全知识缺乏，教育培训不够，识别、判断能力差，以及冒险违章作业等。

二、触电事故的主要原因

违反建筑施工单位电气安全工作的有关规定，如检修电气线路、配电间打扫卫生、更换刀闸等工作，未能严格执行"四大"工作制度（工作票制度，工作许可制度，工作监护制度，工作间断、转移和终结制度）。

违反《建筑施工安全检查标准》JGJ 59—2011有关防护的规定，如在高压线下移动长、高物件和使用吊车时，未对作业现场采取防范措施，就贸然进行危险作业。

违反《建筑与市政工程施工现场临时用电安全技术标准》JGJ/T 46—2024的规定，如设备设施不符合电气安全技术的规定，所使用的设备设施陈旧老化，无接地、接零保护措施，漏电保护器的选择、安装和使用不符合规范要求，违规操作、维护保养没有到位等，引发了触电事故。

违反特种作业管理规定，如从业人员无电工操作证，擅自拉接电源，造成设备外壳带电；电焊作业者未正确穿戴防护用品、汗水浸透手套、焊钳误碰自身或误碰他人导致触电事故的发生。

从业人员安全意识和防范能力较差，盲目闯入电气设备遮栏内及搭棚等，用铁丝将电源线与构件捆绑在一起，遇损坏落地电线用手拣拿等，从而造成触电伤害事故的发生。电气线路乱拉乱接不符合规范，违章行为无人监管，因而酿成了触电事故的发生。

三、触电事故案例分析

某项目一期P01栋发生一起触电事故，造成1人死亡。7时55分许，包工头黄某带着工具和拖线插座独自一人到一期P01栋楼顶进行安装外墙铝塑装饰板施工作业。8时5分许，装饰工程有限公司总经理余某在楼下发现黄某趴在天面的女儿墙上，便叫杂工张某到天面查看情况，余某随即到一楼配电箱处将电源关闭后到达楼顶，张某将黄某从女儿墙上抬到天面进行抢救，后经抢救无效宣布其死亡。

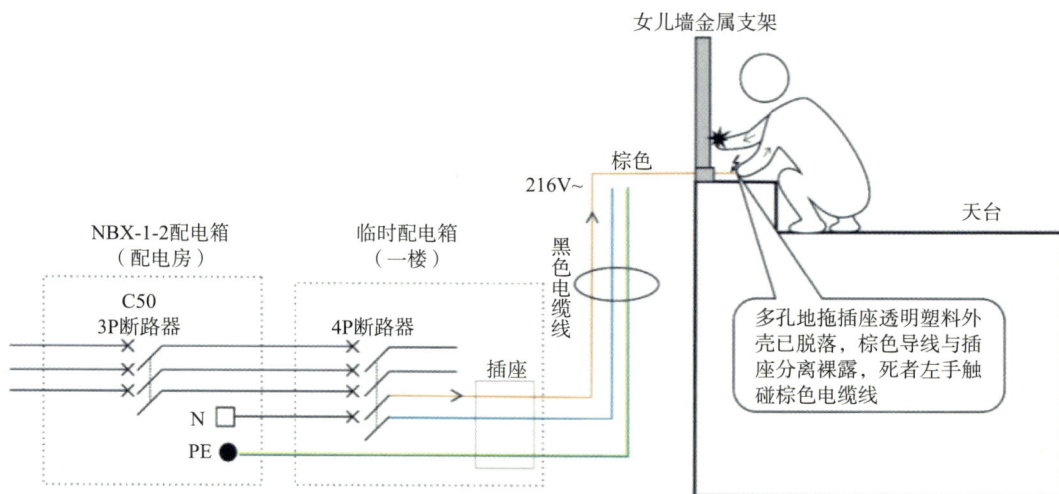

图6-28　触电事故示意图

事故原因是：地拖带线多孔插座损坏，带电导线铜芯裸露，黄某手部触及裸露铜芯，身体其他部位与附近可导电金属物接触形成回路触电，如图6-28所示。

四、触电事故的预防措施

一是制定实施安全用电标准。为了规范施工现场的用电行为，企业应结合国家相关法律法规，制定适用于本企业的安全用电标准。标准应明确规定用电设备的安装、使用、维护和报废等方面的要求；为了确保施工现场的用电行为符合标准，应建立安全用电管理制度，明确各级管理人员的职责，加强对施工现场用电行为的监督和检查，如图6-29所示。同时，定期对从业人员进行安全用电培训，增强其安全意识。

二是维护管理施工现场设备。建立设备定期检查的制度，定期对施工现场的电气设备进行检查，及时发现并解决设备可能存在的问题；加强对施工现场设备的维护保养工作，确保设备始终处于最佳工作状态，减少设备故障的发生，如图6-30所示。

三是做好临时用电安全管理。编制临时用电方案，在施工前，企业应根据工程特点编制临时用电方案，明确用电设施、用电负荷、用电安全防护等方面的内容；在工程开工前应对临时用电方案进行严格审查，并在施工过程中加强对临时用电设施的检查。

四是配备个人防护用品。施工现场的从业人员应配备符合国家标准的个人防护用品，确保其质量和安全性。此外，从业人员要正确使用个人防护用品，通过参加防护用品使用培训，增强其使用个人防护用品的意识和能力。

图6-29　加强对施工现场用电行为的监督和检查

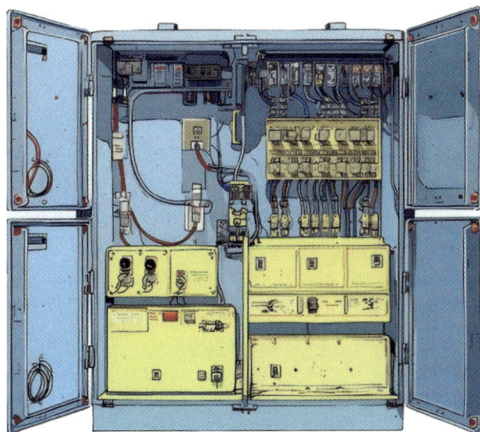

图6-30　加强维护保养

五是制定应急救援预案并进行演练。企业应制定针对触电事故的应急救援预案，明确应急救援流程、救援人员职责和应急救援物资储备等方面的内容。定期组织触电事故应急救援演习，提高救援人员的应急响应能力，确保在事故发生时能够迅速、有效地开展救援工作。

第七节　暴力事件和突发状况的处理

暴力事件和突发状况的处理在建筑施工现场是非常有必要的。建筑施工现场涉及众多从业人员、重型机械和复杂的工作流程，因此必须采取一系列措施来确保从业人员的安全，以及应对可能发生的暴力事件和突发状况。

一、暴力事件及其防控措施

暴力事件是指任何形式的非法暴力行为，通常对他人或个人财产造成伤害的暴力事件的种类和程度各不相同，但都具有严重的后果。建筑施工行业暴力事件通常涉及工地管理、从业人员之间的冲突、工资纠纷等问题。这些事件可能包括从业人员之间的争吵、打斗，甚至是管理人员对从业人员的虐待或欺凌。有时候，这些冲突可能会升级为持械斗殴或破坏工地设备和建筑物等。

（一）暴力事件的危害

建筑施工行业暴力事件对各方面都带来严重的危害，包括但不限于以下几个方面：

一是人身安全受威胁。暴力事件可能导致从业人员和管理人员的人身安全受到威胁，甚至造成伤害和死亡。持械斗殴、打斗、暴力威胁等行为都可能发生，给施工现场的工作人员带来直接的生命危险。二是工程进度受影响。暴力事件会导致工地秩序混乱，从业人员因此停工或者降低工作效率。这会对工程进度造成延误，可能导致项目超支和合同违约等问题。三是企业声誉受损。暴力事件的发生会给相关企业带来负面的舆论影响，损害企业的声誉和形象。这可能影响到企业的业务拓展、合作伙伴关系以及从业人员招聘等方面。四是法律风险增加。暴力事件可能触犯法律，例如构成刑事暴力行为或民事侵权行为。企业可能面临诉讼、罚款甚至关停的风险，从而导致严重的法律后果。五是劳资关系恶化。暴力事件可能加剧劳资关系的紧张，导致从业人员和管理层之间的信任缺失。

（二）暴力事件案例分析

某市的一处建筑工地发生过一起大规模的斗殴事件。该暴力事件是由于当地村民对施工方强行施工不满，遂对施工方挖掘的墙体坑道进行回填，引发争执造成的。这次事件，让从业人员意识到和平解决冲突的重要性，暴力是一种强行的方式，无法真正解决问题。在这起事件中，围观者都感叹暴力的无能，希望双方能够以和平的方式解决问题。这次事件也让公众意识到教育的重要性，不文明行为对法规和道德的无知与无视。在这起事件中参与者往往没有意识到他们的行为背离了社会公德和法律。

（三）暴力事件的防控措施

一是加强管理和监督。施工单位应健全管理体系，确保施工现场秩序良好。管理人员应严格执行规章制度，及时发现和解决问题，确保从业人员的权益得到保障。同时，相关监管机构应加强对施工现场的监督，及时发现并处理违规行为。

二是改善劳动条件和待遇。提高从业人员的工资待遇、改善劳动条件是预防暴力事件的重要措施之一。合理安排工时、提供良好的工作环境和住宿条件，能够减少从业人员的不满情绪，降低暴力事件发生的可能性。

三是加强安全培训和意识教育。对从业人员进行安全培训，增强他们的安全意识和自我保护能力，是预防暴力事件的有效途径。从业人员应了解施工现场的安全规定和操作流程，遵守相关规定，减少事故和冲突的发生。

四是建立有效的沟通机制。建立从业人员与管理层之间的有效沟通机制，及时解决工资纠纷、工作安排等问题，能够减少冲突和暴力事件的发生。管理人员应倾听从业人员的意见和建议，及时回应诉求，增强彼此之间的信任和理解。

二、突发事件及其防控措施

在建筑工程领域发生的突发事件，是指无法预料或突然发生的各种意外情况或紧急事件，可能会对工程进度、施工安全和质量、从业人员安全和财产造成严重影响的情况。

（一）建筑施工行业常见的突发事件类型

建筑施工行业常见的突发事件可能涉及自然灾害、事故灾害、供应链中断、断电、恶劣天气、恶意破坏等多种情形。自然灾害包括地震、台风、洪水、山体滑坡等。这些灾害可能导致建筑物倒塌、设备损坏，危及从业人员的生命安全，严重影响施工进度。事故灾害包括坍塌事故、火灾、机械设备故障等。这些事故可能导致从业人员伤亡、设备损坏、财产损失等严重后果，需要及时应对和处理。供应链中断包括材料供应中断、设备故障等情况。这可能导致工程进度延误和成本增加，需要及时调整和解决。断电包括突发的停电，可能会导致施工工地的工作中断，影响工程进度和安全。此外，断电还可能导致电气设备损坏，危及工作人员安全。恶劣天气如暴风雨、大雪等天气条件恶劣，可能影响施工进度，增加工程风险，需要采取相应的安全措施和调整工程计划。

（二）突发事件的预防措施

一是做好风险评估。在建设工地开始运作之前，应进行全面的风险评估。评估应包括对工地所涉及的所有风险因素的辨识和评估，如安全设备、工作过程和材料使用等。

二是强化培训和教育。所有工地从业人员应接受适当的培训和教育，以了解可能出现的危险和如何应对突发性事件。培训内容可包括紧急疏散计划的制定和执行、使用安全设备和工具的技巧等。

三是配备安全设备。工地应配备必要的安全设备，如安全帽、防护眼镜、防护手套等，以减少人身伤害的风险。设备应经常检查和维护，确保其正常运作。

四是制定紧急疏散计划。对于突发性事件，如火灾、坍塌等，工地应制定详细的紧急疏散计划，确保所有从业人员都知晓和熟悉该计划，并应定期进行演练。

五是有效的工地管理。建筑工地应有明确的管理流程和责任分工，以确保工地的秩序和安全。应有专门负责安全管理的人员，并严格执行相关的安全规章制度。定期进行工地安全巡检，发现问题及时解决，并采取措施防止类似问题再次发生。巡检应包括对设备、施工现场和周围环境等方面的检查。

思考题

1. 建筑施工行业现场最常发生的事故有哪些?

2. 施工现场的"三违"是什么?

3. "三宝""四口""五临边"是指什么?

4. 在公共场所的施工现场,须设置哪些设施?

5. 什么样的气候条件禁止露天高处作业?

第七章　建筑施工现场院前急救基础

导学

　　院前急救是急救医学服务体系的首要环节，也是社会保障系统的重要组成部分。院前急救通过迅速有效的现场干预，最大限度减轻伤病者的痛苦，降低伤病的致残率和致死率，为后续的医院治疗创造有利条件。建筑施工行业从业人员应高度重视院前急救工作，不断提升急救人员的专业素养和急救技能水平，为构建安全、健康的施工环境创造积极条件。本章旨在通过介绍建筑施工现场院前急救的基本知识、原则和步骤、应急救援装备与急救案例等，强化施工人员对院前急救的认识，掌握正确的院前急救技能，给予患者及时而有效的现场救护。

第一节　院前急救的基本知识

　　院前急救是在医院以外地区，对患者进行及时抢救的过程，是急诊医疗服务体系的最前沿阵地，是急救过程的首要环节，也是院内急救的基础。院前急救能够为患者接受进一步诊治创造条件。准确、合理、快速的院前急救措施，对挽救患者生命，减少伤残率起着举足轻重的作用。

一、院前急救基本概念

　　急救是指对急、危、重伤病员在事发现场、转送途中以及入院后得到有效合理救治的医疗服务的总称。按照实施急救所处的环境，可以将急救分为院前急救和院内急救，或称为院外急救和院内急救。这里的"院"一般指医院，院前急救（或称院外急救）指急救人员到达现场后直至病人到达医院前实施的医疗急救，施救地点主要在事（病）发现场和急救车内；院内急救指进入医院后实施的医疗急救，施救地点在医院急诊部（室）。

院前急救是指对各种遭受危及生命的急症、创伤、中毒、灾难事故的病人进入医院前所进行的紧急救治与护理，广义上还包括现场紧急处理和转运途中监护治疗。在进行急救前，人们不仅需要关注其在急救中的先后顺序，缩短到达现场时间和与医院的交接，也需要关注对应的医疗环境，提升急救人员在医院之外的救治水平。建筑施工现场院前急救体系承担日常急救、突发公共事件救援和活动保障等职责，事关建筑工人福祉与施工现场安全。

我国院前急救医疗服务模式可以归纳为四种。一是"集中性院前指挥"型（院前型模式），即急救中心负责，院内急救由医院负责，两者相互独立又紧密配合。急救中心按照地理区域，以派车半径为原则，设置分中心、急救站和急救分站，形成院前急救网络，拥有独立的人、财、物，并对院前急救资源拥有独立的调配权。二是"院前院内结合"型（独立型模式），即急救中心既负责院前急救，又负责院内急救，院前院内统一管理，设有住院部及辅助科室。急救医生、护士轮流承担院前和院内急救工作，部分病人经院前急救后转送到急救中心监护室，多数病人则被转运到其他医院。三是"院前附属医院"型（依托型模式），即院前急救指挥相对独立，但附属于一家综合性医院。综合性医院院长兼任急救中心主任，形成"一套班子，两个牌子"的机构框架。四是"单纯性院前指挥型"（行政型模式），即急救中心只有急救指挥调度权，采取"依托医院，分片负责，统一指挥"的模式。若干医院急诊科作为急救站点，负责区域内的院前急救工作。急救中心不配备车辆、司机和专业技术人员，与医院无行政隶属关系。

二、院前急救主要特点

院前急救所处的环境和面对的患者及医疗条件均与院内存在极大的差异，因此使得院前抢救不但紧迫，而且还需正确面对，并妥善处理患者病情，同时院前急救兼具任务艰难性等特征。因而，院前急救主要具有突发性、紧迫性、艰难性、多样性、随机性等特点。

1. 突发性

对于患者来说，实施院前抢救时，其病情难以被预料，且患者随时存在生命安全问题。对于中毒或灾难性的事故中，可能会出现成批性情况，偶尔还会出现集中或分散情况，因此院前急救时常处于一种突发性状态。

2. 紧迫性

院前抢救主要在时间上十分紧迫，当医院接到急救电话时，其必须立即安排人与车出发，当到达现场后需立即实施抢救，并根据患者实际情况将其立即运送到附近医院进行抢救或监护。对于患者来说，其生命危在旦夕，因此抢救十分关键且需争分夺秒，时间就是生命，抢救需快速，不容迟缓。另外，紧迫性还表现在伤病者及其亲属心理上的焦虑和恐惧，要求迅速得到救护。

3. 艰难性

院前抢救一般发生在院外，有的条件十分恶劣且环境处于无定性状态。不论是天热酷暑还是刮风下雨，甚至是地震环境都需随叫随到。急救人员赶赴现场时需随身佩戴药箱，对患者实施抢救后还需搬运患者。环境也会对急救工作产生极大干扰，甚至还可能造成对急救人员的伤害。

4. 多样性

院前急救面临的病情可能是多样化的且涉及临床各科。因此，对于未经诊断而确诊的患者，如何进行有效的院前抢救是一种挑战。相应急救人员应具有相关经验，以应对各种情况，及时抢救患者。特别是对于病史不详、缺乏客观资料的患者，要求救护人员在短时间内做出初步诊断及紧急处理，进行对症治疗。因此，院前急救需要救护人员掌握常见急症的急救和护理。

5. 随机性

患者可能随时呼救，病情多种多样，其对象可能是突发性危及生命的急性心脑血管疾病、急症创伤、中毒、灾难事故中出现的伤员或患者等。因此，要求救护人员不仅要常备急救意识，更要全面掌握抢救各种疾病的理论知识及操作技术。

三、院前急救的基本任务

院前急救基本任务包括以下几个方面：

1. 急救响应

院前急救首要任务是快速响应急救呼叫，接收紧急呼叫，并立即急救人员前往现场。救护人员需要迅速行动，为患者提供救治。

2. 伤员评估和处理

院前急救人员会对患者进行现场评估，确定病情的严重程度和紧急处理的优先级。他们应采取必要的急救措施。如止血、心肺复苏、氧气给予、骨折固定等，以稳定患者的病情。

3. 紧急转运

院前急救机构负责将病患从现场转运到医疗机构进行进一步的治疗，根据患者的病情和需求，选择合适的转运方式和目的地。

4. 病情监护和护理

在转运过程中，急救人员会持续监护患者的生命体征和病情变化，提供基本的医疗护理。确保患者的生命体稳定，并在必要时采取相应的紧急处理措施。

5. 医疗协调

院前急救机构的急救人员会与医疗机构的医生和护士进行紧急医疗协调，提供现场急救的相关信息，以便医疗机构接收并提供进一步治疗。

6. 医疗培训

通过医疗培训确保急救人员掌握最新急救技能和知识。急救人员需要接受针对不同紧急情况的培训，学习基础生命支持、心肺复苏、止血技术，病情评估和紧急处理等技能。

第二节　建筑施工行业现场急救的基本原则和步骤

院前急救一般情况是突发应急事件，时间紧迫，救治环境差，患者病情复杂。这对急救人员提出了较高的要求。为此有必要遵循急救基本原则，并通过有序的步骤实施急救，使急救人员快速反应，并保持沉着冷静、临危不乱。

一、急救的基本原则

院前急救工作的基本原则如下：

1. 阻断环境危害

要以最快的速度使得患者脱离危险区域，同时阻止危险物品等对患者造成进一步的伤害，使患者处于安全环境中。

2. 先救命后救伤

先对患者进行复苏，然后再进行固定和包扎。急救人员到达现场后，需先对患者进行止血和包扎，并按照先重后轻的顺序进行抢救，同时要做到先抢救再护送的顺序。对生命体征危急的患者要先救命，然后再对其他患者进行救助。

3. 争分夺秒，就地取材

对于院前急救来说，其常会出现药物缺少的情况，因此，可寻找周围相关材料来进行替代，以及时进行抢救。就地取材可为挽救患者生命赢取时间，并为院内治疗提供一定基础。

4. 妥善保留标本

要妥善保管患者离断的肢体或器官，如断肢、断指等。

5. 搬运与医护的一致性

在对患者进行搬运的过程中，要与院前急救的任务一致，以减少对患者的伤害，同时提高运输安全性。

6. 加强途中监护，并详细记录

在对患者进行运输过程中，要严密观察患者面部表情及生命体征，并加强吸氧和输液等工作监测。并实施必要的护理措施，同时对患者生命体征及实施护理措施进行详细记录。

二、急救的基本流程

院前急救首先应对患者进行简要评估和初步检查，随后针对评估情况进行紧急处理，争取在短时间内做到及时有效。

（一）评估病情

（1）详细询问病史，包括受伤时间、地点、受伤机制、伤后症状及处理经过。

（2）检查受伤部位是开放性或闭合性，是单一伤或多处伤，是否危及生命。气道是否通畅，根据呼吸频率、深浅度、呼吸音及双侧胸廓扩张情况判断。循环系统可根据伤者精神状态、面色、肢体温度、生命体征判断是否有出血现象。神经系统可根据"AVPU"法进行简单有效评估。"A"是清醒，对声音有反应，并对人物、时间、地点有认识。"V"是病人对声音有反应，而对人物、时间、地点认知不全。"P"是病人对疼痛性刺激有反应。"U"是病人意识丧失，同时要检查瞳孔大小、形状及对光反射和肢体活动情况等。

（二）紧急处理

（1）保持呼吸道通畅：有气道梗阻者，必须开放气道，及时清除口鼻腔分泌物、呕吐物、血块、泥土等。

（2）伤情观察：记录病人意识、瞳孔、生命体征、尿量、出血量及伤情变化等，以判断伤情，指导治疗。

（3）有效控制出血：这是早期急救护理的重要手段。迅速控制伤口出血，采用指压法，压住出血伤口或肢体近端主要血管，及时用加厚敷料加压包扎，简易夹板固定，并抬高伤部，对减轻出血效果显著。

（4）包扎：包扎的目的是保护伤口、防止伤口感染、压迫止血、固定骨折、关节并止痛。常用物品是绷带三角巾和四头带。无上述物品时，可就地取材，用干净毛巾、手绢、衣服等替代。

（5）固定：固定是一个重要环节，特别是四肢和骨关节骨折必须固定，因为固定制动可以减轻疼痛，避免骨折端损伤神经和血管，并有利于防治休克和搬运。较重的、面积较大软组织损伤也应局部固定制动。固定前应尽可能牵引伤肢和矫正畸形，然后将伤肢放到合适位置，固定于夹板或其他支持物上。固定范围一般应包括骨折处远端和近端的两个关节，既要牢靠不移，又不可过紧。急救中如果缺乏固定材料，可使用自行固定法，如将上肢固定于胸廓上，受伤下肢固定于健肢上。固定夹板不可与皮肤直接接触，须垫以衬物，尤其是夹板两端骨凸出部位和悬空部位，以防止软组织受压损伤。

（6）搬运：正确搬运可减少损伤和痛苦，并获得及时治疗，目前现代救护车内全都备有担架和急救推车，极大方便伤者搬运，大大减少运输中伤者的痛苦。同时可以运用沟通技巧来处理紧急情况，对所发生的事给予诚实、简要的解释。

三、急救的质量评估

院前急救直接影响患者的生命安全和医疗质量。在紧急情况下，院前急救人员作为首批接触患者的人，其急救措施的有效性和及时性直接关系到患者的生命安危。通过质量评估，可以及时发现并纠正急救过程中的不足之处，确保患者得到及时、有效的救治，从而最大程度地降低患者的死亡率和致残率。其次，院前急救质量评估有助于提高急救团队的水平，

评价指标选取

01	02	03	04	05	06
响应时间：从接到急救电话到救护车到达现场的时间	救治成功率：成功救治患者的比例	院前急救人员技能水平：急救人员的专业知识和技能水平	院前急救设备配备：救护车上配备的急救设备和药品是否齐全	院前急救流程：急救流程是否合理、是否遵循医疗规范	患者满意度：患者对院前急救服务的满意度评价

图7-1 院前急救质量评估指标

可以全面、客观地了解急救过程的表现，包括技能操作、团队协作、沟通能力等方面。针对评估结果，可制定针对性的改进措施。此外，院前急救质量评估还有助于优化急救资源配置。通过评估，可以了解不同地区的急救需求和资源分布情况，为制定更加合理的急救资源配置方案提供依据。具体而言，院前急救质量评估指标如图7-1所示。

第三节　应急救援装备介绍与急救案例

一、应急救援装备介绍

建筑工程现场应急救援装备清单是确保工地安全、应对突发事件的重要保障。完备的装备清单不仅能够提高救援效率，更能有效地保护工人的生命安全。应急救援装备主要包括基础救援设备、防护用品、专业救援装备、通信与照明设备、辅助救援装备、其他装备等。

（一）基础救援设备

急救箱：急救箱是施工现场必不可少的救援设备，其中包含创可贴、纱布、绷带、消毒液、止痛药等基本急救用品，用于处理轻微的擦伤、割伤等伤口。急救箱应定期检查和补充。

担架：担架是转运受伤人员的关键设备，可分为折叠式担架和固定式担架。折叠式担架便于携带和存放，适用于现场紧急转运；固定式担架则更适用于长途转运。担架应具备轻便、结实、易于操作的特点，以确保受伤人员能够安全、迅速地撤离现场。

消防器材：建筑工程现场通常配备灭火器、消火栓、消防水带等消防器材，以应对火灾等突发情况。灭火器应根据现场情况选择适当的类型，如干粉灭火器、泡沫灭火器等；消火栓和水带则应确保水源充足、压力稳定，以便在火灾发生时迅速进行灭火。

（二）防护用品

安全帽：安全帽采用高强度材料制成，能有效抵御掉落物的冲击，同时内部配备的缓冲层也能减少碰撞对头部的伤害。工人在施工现场必须佩戴安全帽，以确保在任何意外情况下都能得到最大程度的保护。

安全鞋：安全鞋的鞋底采用防滑设计，能有效防止工人在湿滑或不平坦的地面上滑倒。同时，鞋面采用耐磨、抗刺穿的材质，能够抵御施工现场的潜在伤害。

安全带：在高空作业时，工人必须佩戴安全带，并将其固定在牢固的支撑点上。一旦发生意外，安全带能够迅速发挥作用，防止工人从高处坠落。

防护眼镜和防护手套：防护眼镜能有效防止飞溅物或灰尘进入眼睛，保护工人的视力健康。防护手套则能减少手部与锐利物体或有害物质的直接接触，降低手部受伤的风险。

（三）专业救援装备

生命探测仪：生命探测仪是一种能够探测到人体生命特征的设备，如呼吸、心跳等。在地震、坍塌等事故中，生命探测仪能够迅速找到被困人员，为救援工作提供有力支持。

液压破拆工具：液压破拆工具包括液压剪、液压扩张器等，能够迅速破拆倒塌的建筑物或障碍物，为救援人员开辟通道。这些工具具有操作简便、力量大、安全性高的特点，是建筑工程现场应急救援的重要装备。

切割工具：切割工具如电动切割锯、手动切割器等，用于切割金属、塑料、木材等材料，以便在救援过程中快速拆除阻碍物。这些工具应具备轻便、耐用、易于操作的特点，以满足现场救援的需求。

高空救援设备：对于高层建筑或高空作业场所，需要配备如安全绳、安全带、缓降器等高空救援设备。这些设备能够在紧急情况下为工人提供安全撤离路径，减少高空坠落等风险。

（四）通信与照明设备

对讲机：对讲机是建筑施工现场进行通信的重要工具，能够实现现场人员之间的实时沟通。在紧急情况下，对讲机可以迅速传递救援信息，协调各方力量进行救援。

应急照明设备：应急照明设备如手电筒、应急灯等，能够在夜间或光线不足的情况下提供照明，确保救援工作的顺利进行。这些设备应具备防水、防尘、耐摔等特点，以适应恶劣的现场环境。

移动通信设备：为了确保在紧急情况下与外界保持联系，建筑施工现场还应配备移动通信设备，如手机、卫星电话等。这些设备能够在网络中断或信号不佳的情况下保持通信畅通，为救援工作提供有力支持。

（五）辅助救援装备

救援车辆：救援车辆如救护车、消防车等，是建筑施工现场应急救援的重要组成部分。这些车辆应配备专业的救援设备和人员，以便在紧急情况下迅速赶到现场进行救援。

防护服与呼吸器：防护服和呼吸器能够保护救援人员在恶劣环境下免受伤害。防护服应具备防火、防水、防化学腐蚀等功能；呼吸器则能够过滤有毒气体和颗粒物，确保救援人员的呼吸安全。

救援帐篷与折叠床：在救援过程中，为受伤人员提供临时庇护所和休息场所至关重要。救援帐篷和折叠床能够满足这一需求，为受伤人员提供安全、舒适的休息环境。

（六）其他装备

安全警示标志：安全警示标志能够提醒现场人员注意安全，预防事故的发生。这些标志应设置在显眼的位置，以便人员随时查看。

应急疏散图：应急疏散图能够指导现场人员在紧急情况下迅速撤离。这些图纸应清晰明了地标注出疏散路线和集合点，确保人员能够有序撤离。

综上所述，施工现场应急救援装备清单涵盖了基础救援设备、防护用品、专业救援装备、通信与照明设备、辅助救援装备以及其他装备等多个方面。在实际工作中，应根据工程特点和现场需求，合理配置和更新装备，确保其始终处于良好状态，以应对可能发生的突发事件。

二、应用案例分析

院前急救是医院治疗的前期准备，是把伤亡事故减少到最低限度的重要保障。掌握一些最常用的急救常识，是每个从业人员及时、正确地做好事故现场救护所应该具备的技能。紧急救护的原则是：先救命，后治伤。紧急救护的步骤是：止血、包扎、固定、救护。

（一）触电急救

1. 触电急救的知识

触电急救的要点是抢救迅速和救护得法。即用最快的速度在现场采取积极措施，保护触电者生命，减轻伤情，减少痛苦，并根据伤情需要迅速联系医疗救护等部门救治。触电急救的第一步是使触电者迅速脱离电源，第二步是现场触电急救。触电急救必须分秒必争，触电者在1min内就地实施有效急救，成活率90%以上；超过5min急救，救活率仅为10%。

2. 解救触电者脱离电源的方法

（1）脱离低压电源的方法：拉、切、挑、拽、垫

拉：附近有电源开关或插座时，应立即拉下开关或拔掉电源插头。

切：若一时找不到断开电源的开关时，应迅速用绝缘的钢丝钳或断线钳剪断电线，以断开电源。

挑：对于由导线绝缘损坏造成的触电，急救人员可用绝缘工具或干燥的木棍等将电线挑开。需要注意的是：电线千万不能挑到人的身上。

拽：抢救者可戴上手套或在手上包缠干燥的衣服等绝缘物品拖拽触电者；也可站在干燥的木板、橡胶垫等绝缘物品上，用一只手将触电者拖拽开。

垫：设法把干木板塞到触电者身下，使其与地面隔离，救护人员也应站在干燥的木板或绝缘垫上。

（2）脱离高压电源的方法

脱离高压电源的方法是拉闸停电和短路法。具体方法包括：通知有关供电部门拉闸停电；如果电源开关离触电现场不是很远，可戴上绝缘手套，穿上绝缘靴，拉开高压断路器，或用绝缘棒拉开高压跌落保险以切断电源；往架空线路抛挂裸金属软导线，人为造成线路短路，迫使继电保护装置动作，从而使电源开关跳闸；如果触电者触及断落在地上的带电高压导线，且尚未确证线路无电之前，救护人不可进入断线落地点8～10m的范围内，以防止跨步电压触电。进入该范围的救护人员应穿上绝缘靴或临时双脚并拢跳跃接近触电者。触电者脱离带电导线后应迅速将其带至8～10m以外立即开始触电急救。

3. 现场触电急救

（1）简单诊断

首先，将脱离电源的触电者迅速移至通风干燥处，使其处于仰卧状态，松开上衣和裤带；其次，观察触电者的瞳孔是否放大（当处于假死状态时，人体大脑细胞严重缺氧，处于死亡边缘，瞳孔自行放大）；再次，观察触电者有无呼吸，摸一摸颈部的颈动脉有无搏动。脱离电源后，简单诊断的步骤如图7-2所示。

具体的做法：对于因触电而失去知觉，呼吸、心跳停止者，在未经心肺复苏法进行抢救前，视为"假死"现象。"假死"不一定就是死亡状态，必须由专业的医师做出认定。急救人员可以通过10s内判断方法进行简单诊断。一是判断意识。拍打触电者双肩、呼唤等。二是判断呼吸，通过看、听等方式进行判断。"看"是观察触电者胸部、腹部有无起伏动作；"听"是用耳贴近触电者口鼻处，听有无呼气声音。三是判断心跳，通过用手或纸条测试口鼻，再用两手指轻压一侧（左或右）喉结旁凹

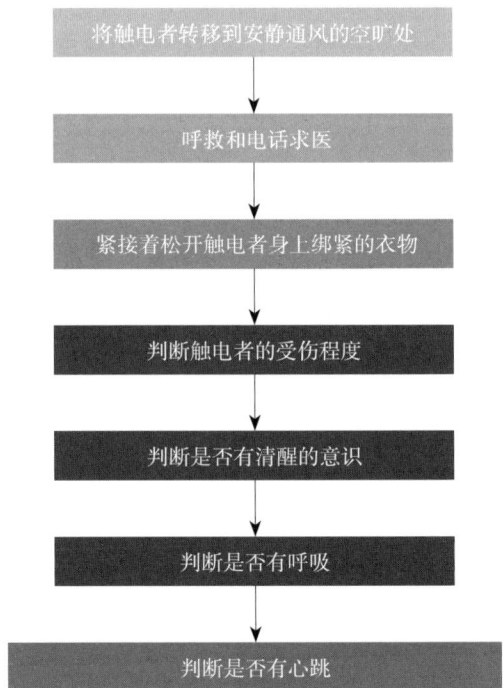

图7-2　简单诊断的步骤

陷处的颈动脉有无搏动感觉。

（2）具体情况的人工急救

脱离电源后的处理方法，因"假死"的表现形式不同，采用的具体处理方法亦不同。主要分为三种情况，如图7-3所示。

对有心跳而呼吸停止的触电者，应采用口对口人工呼吸法进行急救。首先，将触电者仰天平卧，颈部枕垫软物，头部偏

图7-3　具体情况的人工急救方法

向一侧，松开衣服和裤带，清除触电者口中的血块、假牙等异物。抢救者跪在病人的一边，使触电者的鼻孔朝天后仰；随后，用一只手捏紧触电者的鼻子，另一只手托在触电者颈后，将颈部上抬，深深吸一口气，用嘴紧贴触电者的嘴，大口吹气；然后放松捏着鼻子的手，让气体从触电者肺部排出，如此反复进行，每5s吹气一次，坚持连续进行，不可间断，直到触电者苏醒为止。

对有呼吸而心跳停止的触电者，应采用胸外心脏按压法进行急救。首先，将触电者仰卧在硬板上或地上，颈部枕垫软物使头部稍后仰，松开衣服和裤带，急救者跪跨在触电者腰部；随后，急救者将右手掌根部按于触电者胸骨下二分之一处，中指指尖对准其颈部凹陷的下缘，左手掌复压在右手背上；掌根用力下压3～4cm，然后突然放松。按压与放松的动作要有节奏，每秒钟进行一次（每分钟60～80次为宜），必须坚持连续进行，不可中断。正确的按压姿势应保持两臂垂直，肘关节不屈，两手相叠，手指向前翘起并不触及胸壁，应用上身重力垂直下压。

对呼吸和心跳都已停止的触电者，应采用心肺复苏法进行急救。所谓心肺复苏法就是心肺复苏的初始急救技术，又称现场急救，医学上称为基础生命支持。心肺复苏的三项基本措施：通畅气道；口对口人工呼吸；胸外心脏按压法。

一是通畅气道，清除口中异物。如发现触电者口内有异物可将其身体及头部同时侧转，迅速用一个手指或两个手指交叉从口角处插入，从中取出异物，操作中要注意防止将异物推到咽喉处。采用仰头抬颌法通畅气道操作时，救护人用一只手放在触电者前额，另一只手的手指将其颏颌骨向上抬起，两手协同将头部推向后仰，舌根自然随之抬起、气道即可畅通。

二是口对口人工呼吸。口对口人工呼吸要掌握以下要点：张口捏鼻手抬颌，深吸缓吹口对紧。张口困难吹鼻孔，5s一次坚持吹。

三是胸外心脏按压法。采取单人急救时，口对口人工呼吸法和胸外心脏按压法两

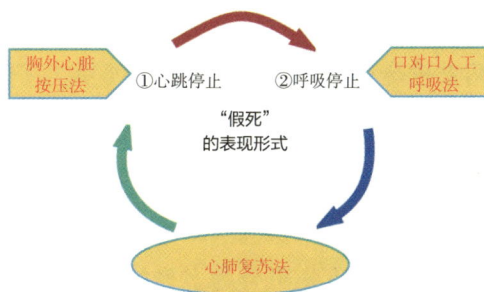

种方法应交替进行，即吹气2～3次，再按压心脏10～15次，且速度都应快些。如果是两人进行急救，可一人每5s吹气一次，另一人每1s按压一次，两人同时进行急救。

（二）高处坠落急救

1. 高处坠落伤

高处坠落伤是指人体从高处跌落时受到的伤害。根据跌落的高度、角度和地面情况，高空坠落伤可分为多种类型，如单纯性跌落伤、复合性跌落伤等。高空坠落伤的严重程度取决于多个因素，如跌落的高度、速度、个体防护措施、地面情况等。轻度伤可能只涉及软组织挫伤，而重度伤可能导致骨折、颅脑损伤等。高空坠落时高度越高，体重越大，冲击力越强，损伤也就越严重。高处坠落伤大多数为多发伤，伤情复杂，病势凶险，并发症多，死亡率高，院前急救棘手。

2. 高处坠落伤的现场急救

高处坠落风险较高。急救措施包括：迅速将伤员移至安全区域，并拨打急救电话；检查伤员伤情，如有出血、骨折等情况，按相应急救措施进行处理；若伤员意识不清或呼吸困难，应采取心肺复苏等急救措施；尽量避免挪动伤员，以免加重伤势。等待专业救援人员到来后，协助转运伤员，如图7-4所示。

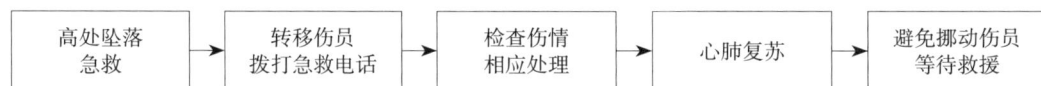

图7-4　高处坠落急救流程图

（1）安全措施和保护现场

确保现场安全：处理高空坠落伤员之前，应先确保现场安全，避免二次伤害。

标记危险区域：为防止其他人误入危险区域，应设置警戒线或标记危险区域。

（2）初步检查和评估伤情

检查意识：呼叫伤员，观察是否有意识。

检查呼吸：观察伤员是否有呼吸，注意是否有气胸或血气胸等异常呼吸情况。

检查出血：检查伤员是否有出血，并采取止血措施。

检查骨折：观察伤员是否有骨折，是否有开放性骨折或闭合性骨折等情况。

（3）止血和防止休克

止血方法：根据出血情况选择适当的止血方法，如加压包扎、止血带等。

防止休克：保持伤员平卧位，抬高下肢，给予氧气吸入和补液治疗。

（4）保持呼吸道畅通

清理呼吸道异物：及时清理伤员呼吸道内的异物，保持呼吸道通畅。

维持呼吸：如伤员呼吸困难，应及时给予氧气吸入和人工呼吸等措施，维持呼吸功能。

（5）固定和搬运伤员

临时固定：对伤员的骨折部位进行临时固定，以减轻疼痛和避免加重损伤。

搬运方法：根据伤情选择搬运方法，如单人抱持、双人抱持或使用担架等。

（三）机械伤害急救

建筑施工现场广泛使用各种机械设备，机械伤害风险较高。机械伤害造成的受伤部位可以遍及全身各个部位，如头部、眼部、颈部、胸部、腰部、脊柱、四肢等，有些机械伤害会造成人体多处受伤，后果非常严重。现场急救对抢救受伤非常关键，如果现场急救正确及时，不但可以减轻伤者的痛苦，降低事故的严重程度，而且可以争取抢救时间，挽救更多人的生命，机械伤害事故急救流程图如图7-5所示。

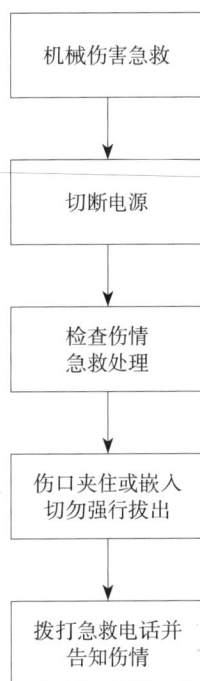

图7-5 机械伤害事故急救流程图

1. 伤害急救基本要点

发生机械伤害事故后，现场人员要保持冷静，迅速对受伤人员进行检查。急救检查应先看神志、呼吸，接着摸脉搏、听心跳，再查瞳孔，有条件者测血压。检查局部有无创伤、出血、骨折、畸形等变化，根据伤者的情况，有针对性地采取临时应急措施。

迅速拨打急救电话，向医疗救护单位求援。记住急救电话很重要，我国通用的医疗急救电话为120。此外，各地还有一些其他急救电话，也要适当留意。在发生伤害事故后，要迅速及时拨打急救电话。

拨打急救电话时，要注意以下问题：

（1）在电话中向医生讲清伤员确切地点、联系方法（如电话号码）、行驶路线。

（2）简要说明伤员的受伤情况、症状等，并询问清楚在救护车到来之前，应该做些什么。

（3）派人到路口准备迎候救护人员。

急救过程中，要注意以下几个方面：

（1）遵循"先救命、后救肢"的原则，优先处理颅脑伤、胸伤、肝、脾破裂等危及生命的内脏伤，然后处理肢体出血、骨折等伤。

（2）检查伤者呼吸道是否被舌头、分泌物或其他异物堵塞。

（3）如果呼吸已经停止，立即实施人工呼吸。

（4）如果脉搏不存在，心脏停止跳动，立即进行心肺复苏。

（5）遇到流血情况，进行必要的止血包扎。

（6）对于颈部背部严重受损者要慎重抬送，以防止其进一步受伤。

（7）让患者平卧并保持安静，如有呕吐，同时无颈部骨折时，应将其头部侧向一边以防止噎塞。

（8）动作轻缓地检查患者，必要时剪开其衣服，避免突然挪动增加患者痛苦。

（9）救护人员既要安慰患者，自己也应尽量保持镇静，以消除患者的恐惧。

（10）不要给昏迷或半昏迷者喝水，以防液体进入呼吸道而导致窒息，也不要用拍击或摇动的方式试图唤醒昏迷者。

2．现场急救技术

（1）人工呼吸与心肺复苏

具体内容和操作方式见第八章。

（2）止血

当伤员身体有外伤出血现象时，应及时采取止血措施，主要包括以下方法：

伤口加压法：主要适用于出血量不太大的一般伤口，通过对伤口的加压和包扎，减少出血，让血液凝固。其具体做法是如果伤口处没有异物，用干净的纱布、布块、手绢、绷带等物或直接用手紧压伤口止血；如果出血较多时，可以用纱布、毛巾等柔软物垫在伤口上，再用绷带包扎以增加压力，达到止血的目的。

手压止血法：临时用手指或手掌压迫伤口靠近心端的动脉，将动脉压向深部的骨头上，阻断血液的流通，从而达到临时止血的目的。这种方法通常是在急救中和其他止血方法配合使用，其关键是要掌握身体各部位血管止血的压迫点。手压法仅限于无法止住伤口出血，或准备敷料包扎伤口的时候。施压时间切勿超过15min。如施压过久，肢体组织可能因缺氧而损坏，以致不能康复，继而还可能需要截肢。

止血带法：这种方法适合于四肢伤口大量出血时使用。使用止血带法止血时，绑扎松紧要适宜，以出血停止、远端不能摸到脉搏为好。使用止血带的时间越短越好，最长不宜超过3h。并在此时间内每隔0.5h或1h慢慢解开、放松一次。每次放松1～2min，放松时可用指压法暂时止血。不到万不得已时不要轻易使用止血带，因为有些止血带能把远端肢体的全部血流阻断，造成组织缺血，时间过长会引起肢体坏死。

（3）搬运转送

转送是危重伤病员经过现场急救后由救护人员安全送往医院的过程，是现场急救过程中的重要环节。因此，必须寻找合适的担架，准备必要的途中急救力量和器材，尽可能调度速度快、振动小的运输工具。同时，应注意掌握各种伤病员搬运方式的不同：

①上肢骨折的伤员托住固定伤肢后，可让其自行行走。

②下肢骨折用担架抬送。

③脊柱骨折伤员，用硬板或其他宽布带将伤员绑在担架上。

④昏迷病人，头部可稍垫高并转向一侧，以免呕吐物吸入气管。

（四）坍塌急救

随着高层和超高层建筑的大量增加，基础工程施工工艺越来越复杂，在土方开挖过程中的坍塌事故也在增加。同时，建筑物的质量缺陷和地震等自然灾害，也可能引起建筑物坍塌事故。坍塌事故一旦发生，会对人员造成极大的威胁，因此急救措施十分重要。急救流程如图7-6所示。

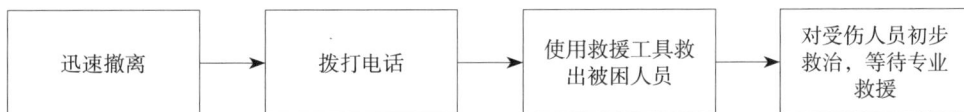

图7-6　坍塌急救流程图

当发现土方或建筑物有裂纹或发出异常声音时，应立即停止作业，并通知、组织人员快速撤离到安全地点。拨打急救电话，报告坍塌事故及被困人员情况。在确保安全的前提下，使用救援工具如千斤顶、铲子等，救出被困人员。对受伤人员进行初步救治，如止血、包扎等，等待专业救援人员到来。

1. 急救前的准备工作

发生坍塌事故时，应立即组织力量开展抢救工作，急救前准备工作如下：

（1）判定抢救风险：先要看是否有生命危险，若有人员被压，要确定是否有生命体征，明确搜救方向，选定安全搜救路径。同时要注意区别救援人员和被困人员的位置，避免二次事故。

（2）戴好头盔和护目镜：救援过程中有可能遇到坍塌物体掉落或其他突发情况，戴好头盔和护目镜可以有效减少救援人员的伤害。

（3）采取保护措施：在救援过程中要避免进入已经发生坍塌的区域，危险的建筑物和地下工程不能轻易进入。要配备好保护措施，提高救援人员的安全性。

2．急救措施

在急救过程中，要注意以下事项：

（1）确认被困人员的人数和位置：在救援前，要确认被困人员的位置，这样才有依据选择搜救方向和进行疏散。

（2）通知120急救中心：在救援过程中一定要及时通知120急救中心，共同救援被困人员。

（3）使用现场器材进行救援：在救援过程中需要使用特殊的救援器材，例如破拆锤、剪切器甚至是重型起重机器。通过使用器材的力量，迅速撬开被困人员所在的墙壁或拆除框架，在使用过程中一定要注意被困人员的生命安全。

（4）维持及时的呼吸道和血液循环：如果被困人员处于同一空间，需要确保其及时的呼吸道和血液循环。当被困时间过长时，被困人员往往处于极度营养不良的状态，这时要保证在救援过程中不能侵害到被困人员的身体。

（5）悬挂温水袋、保温棉等：在救援过程中，一旦救援物体被撬开，人员会感受到极其寒冷的空气。为了避免被困人员受寒，可以使用温水袋、保温棉、救援网等，以确保被救治人员体温的稳定。

（五）物体打击急救

物体打击应急处置措施，主要包括以下内容，应急处置流程如图7-7所示。

（1）发生物体打击事故后，现场作业人员应当观察是否还存在坠落物和飞出物，立即采取疏散、拦网和关闭动力机械等措施，防止救援过程中再次发生伤害。

（2）应马上组织人员抢救伤者，搬走压在伤者身上的物体，同时应立即向现场救援负责人报告。

（3）尽量不要移动伤者，可由急救员或经过急救培训者对休克、骨折和出血等进行紧急处理，并迅速拨打120求救或送往附近医院急救。

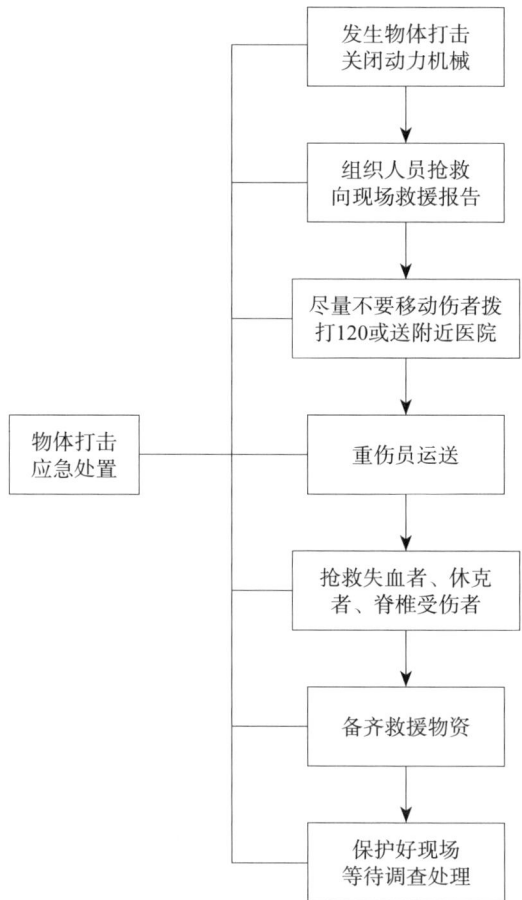

图7-7　物体打击应急处置流程图

（4）重伤员运送应用担架，腹部创伤及脊柱损伤者，应用卧位运送；胸部伤者一般采用卧位，颅脑损伤者一般取仰卧偏头或侧卧位。

（5）抢救失血者，应先进行止血；抢救休克者，应采取保暖措施，防止热损耗；抢救脊椎受伤者，应将伤者平卧放在担架或硬板上，严禁只抬伤者的两肩与两腿或单肩背运。

（6）备齐必要的应急救援物资，如车辆、医药箱、担架、止血带和通信设备。

（7）应保护好事故现场，等待事故调查组进行调查处理。

（六）中毒急救

施工现场发生的中毒主要有食物中毒、燃气中毒、一氧化碳中毒以及地下建筑内井底中毒。遇到中毒紧急情况时，必须保持冷静，确保自己安全，随后进行报警和电话救援，将患者移离危险区并实施救援。

1. 食物中毒的急救

食物中毒表现为起病急骤，轻者有恶心、呕吐、腹痛、腹泻、发热等；重者出现呼吸困难、抽搐、昏迷等症状，如不及时抢救，极易死亡。急救措施包括：

（1）饭后有人呕吐、腹泻时，尽量让病人大量饮水，刺激喉部使其呕吐。

（2）立即将病人送往就近医院或拨打急救电话120。

（3）及时报告工地负责人和当地卫生防疫部门，并保留剩余食品以备检验。

2. 燃气中毒的急救

遇到燃气中毒的情况，首先要立即打开门窗，并将中毒者从房中搬出，搬到空气流通好、空气新鲜且温暖的安全地带。随后，在安全地带进行现场急救，并立即拨打急救电话120或将中毒者送往就近医院。

3. 一氧化碳中毒的急救

凡是含碳的物质如煤、木材等在燃烧不完全时都可能产生一氧化碳。一氧化碳进入人体后会很快与血红蛋白结合，形成碳氧血红蛋白，而且不易解离。一氧化碳的浓度较高时还可造成中毒。造成一氧化碳中毒的环境，通常有燃烧、浓烟等，且缺乏良好的通风设备。伤员有头痛、心悸、恶心、呕吐、全身乏力、昏厥等症状特征，重者昏迷、抽搐，甚至死亡。

一旦出现上述症状，应立即将病人移到空气新鲜的地方，松解衣服，但要注意保暖。对呼吸心跳停止者立即进行人工呼吸和胸外心脏按压，并注射呼吸兴奋剂，如山梗菜硷或回苏灵等，同时给氧。也可对昏迷者人中、十宣、涌泉等穴针刺，待病人自主呼吸、心跳恢复后方可送医院。

4. 地下建筑内井底中毒的急救

建筑施工常见的施工中毒因素有锰、苯中毒，地下建筑内井底窒息等。

（1）在井（地）下施工中有人发生毒气中毒时，井（地）上人员不要盲目下去救助。必须先向出事点送风，救助人员安全保护用具装备齐全，才能下去救人。

（2）立即报告工地负责人及有关部门，现场不具备抢救条件时，应及时拨打110或120电话求救。

思考题

1. 什么是院前急救？其具有哪些基本特点？

2. 院前急救需要遵循哪些原则？其基本流程包括哪些？

3. 院前急救质量评估的重要性有哪些？其评估指标主要包括哪些？

4. 施工现场出现物体打击时，应采取哪些急救手段？

第八章　施工现场常用急救操作

导学

　　建筑施工时，场地环境复杂，器械设备操作频繁，生产原料种类多样，施工人员的不良操作等，可能引起突发情况，导致人员创伤、休克等，危及人员生命。因此，及时准确地判断施工人员的健康状态，并针对其状态进行相应正确急救操作，对维护施工人员的生命健康至关重要。本章阐述施工现场常见的急救状况及操作，以期使从业人员了解掌握相应状况的处理措施，有效实现紧急情况的平稳过渡。

第一节　心肺复苏

　　心脏骤停是指创伤、溺水、电击、窒息、极端过度运动、低血糖、低温、中毒和心梗/肺梗等各种急性原因导致心脏突然停止有效泵血，导致全身组织缺氧和能量供应中断。心肺复苏即以人工呼吸和心脏按压来代替自主呼吸及形成暂时的人工循环，在急性心脏骤停时恢复血液流动和供氧，从而增加患者的生存机会。本章主要讲解与施工现场急救相关的初期复苏。

一、心肺复苏准备措施

　　心肺复苏术（CPR）是争分夺秒的。判断心搏骤停必须特别强调快而准。以下步骤中任何一项出现异常，可能表明患者的呼吸已经停止。具体操作步骤包括：一看，仔细观察患者的胸部是否有规律的起伏，表示正常呼吸。如果胸部没有明显的起伏，可能是呼吸停止的表现。二听，靠近患者的口鼻部位，倾听呼吸声音。如果没有听到呼吸声音，可能是呼吸停止的迹象。三感觉，将手放在患者的鼻孔或嘴唇前，感受气流。如果没有感觉到气流，可能是呼吸停止的迹象。检查时间不得超过10s。心搏骤停相对可靠的诊断标准为大动脉搏动存在与否。

呼吸循环骤停发生时，应现场实行初期复苏的急救措施。初期复苏包括 CAB 三项内容：C（Circulation，循环）指建立有效的人工循环；A（Airway，气道）指保持气道通畅；B（Breathing，呼吸）指进行有效的人工呼吸。

二、心肺复苏操作技术

（一）心脏按压

胸外心脏按压是在胸骨下部对心脏进行间接按压。首先确保患者位于坚硬平坦的表面上，仰面躺下。操作者跪在患者的一侧，将手掌放在患者胸骨中央。用一只手的掌心将另一只手的手背紧紧压在胸骨中央，手指并拢，保持手臂垂直于患者胸部。用身体的重量而不是手臂的力量，沿着垂直方向向下施加压力，使胸骨向下按压，每次按压至少压下5cm。每次按压后释放压力，但不要完全松开手的接触，以允许胸腔充分回弹。按压的频率应该是每分钟100～120次，按压的深度至少是胸廓下陷1/3～1/2的深度。在每30次按压后，停止按压进行两次人工呼吸，并继续按压和呼吸的循环。多人进行心肺复苏（CPR）时，应每2min交换胸外按压人员一次，每次交换人员的时间不得超过10s。

注意事项：（1）操作者应保持稳定的节奏和力量；（2）按压应该是连续、有力且稳定的，避免过于轻柔或过于用力；（3）确保正确的手位，手应该放置在胸骨的正中间，避免压到肋骨或腹部；（4）避免中断按压时间过长；（5）尽量减少按压和人工呼吸之间的间隔时间，以维持有效的血液循环和氧气供应。

（二）保持气道通畅

心肺复苏中保持气道通畅是确保患者能够有效呼吸的关键步骤之一。操作者需将患者的头轻轻地后仰，使下颌与上颌分离，使头部与颈部成30°到45°，以便保持气道通畅。用两个手指抬起患者的下颌，同时用另一只手掌轻按住患者的额头，使患者的头部稳定而不晃动。用手指或准备好的口腔清道夫清除口腔内的任何明显异物，以确保气道通畅。如果怀疑有颈椎损伤，可以将患者头部侧向一侧，但需要确保气道通畅的同时不过度扭曲颈部。如果条件允许并且有培训，可以考虑使用口喉罩或喉罩等气道管理设备来维持气道通畅。

注意事项：（1）轻柔但坚决，在进行头后仰和颌提法时，要轻柔但坚决，避免过度扭动颈部或造成额外的伤害；（2）避免阻塞气道，在清除口腔内异物时，要小心操作，确保不会将异物推入气道内，导致气道阻塞；（3）密切监测气道状态，持续观察患者的呼吸情况和气道状态，随时调整姿势以保持气道通畅。

（三）人工呼吸

人工呼吸的目的是保证机体的供氧。首先确保气道通畅，采取相应的措施保持患者的气道畅通（如头后仰、颌提法等）。操作者应选择合适的呼吸方式，可以是口对口呼吸、口对鼻呼吸或使用专用的呼吸面罩。将患者头部向后仰，同时捏住患者的鼻子，确保口对口或口对鼻密封。吹气的力度应该足够使患者的胸廓明显上抬，每次吹气时间应控制在1～1.5s。观察患者的胸廓是否有抬起，以确认人工呼吸是否有效。按照30：2的比例，即在30次胸外按压后进行2次人工呼吸，确保按压和呼吸的循环。若在CPR过程中，因各种原因无法施行口对口人工呼吸时，仍应积极进行包括胸外按压在内的其他救援措施。

注意事项：（1）密切注意气道状态，在进行人工呼吸前，确保气道通畅，如果发现有异物阻塞，应先清除；（2）避免过度通气，吹气的力度应适中，避免过度通气造成胃胀或气道压力过高；（3）确保密封，口对口或口对鼻呼吸时，要确保口和鼻子与患者的面部密封，避免漏气；（4）定时调整，根据患者的反应和情况，随时调整呼吸的频率和力度。

第二节　创伤性止血

一、止血措施

施工现场中，若伤员发生伤口的持续搏血、四肢离断、服装被血液浸透或已出现失血性休克，都表明伤员发生了大出血，需要立即止血。出血是最需要急救的危重症之一。止血术（Hemostasis）是急救中非常重要的技术。在现场急救中迅速控制伤员的大出血，可挽救伤员性命。止血目的包括控制出血、保持有效循环血量、防止休克发生和挽救生命。根据血管损伤的种类，伤口出血可分为动脉出血、静脉出血和毛细血管出血。动脉出血速度快、压力高、流量大，伤员可在短时间内因大量失血而危及生命，需尽快止血。静脉出血速度稍慢、血量中等，比动脉出血易控制。毛细血管出血呈渗出性，危险性小。常见的止血方法包括创面加压止血术、填塞止血术、止血带止血术等。

（一）创面加压止血术

1. 目的

直接压迫出血点，达到快速止血、保护创面的目的。

2. 适应证与禁忌证

对于伤口表浅，仅有小血管或毛细血管损伤，出血量少时，采用包扎止血法。对于体表及四肢的小动脉、中、小静脉或毛细血管出血，采用直接加压包扎止血法，同时抬高出血部位肢体可提高止血效果。

3. 操作步骤

（1）急救止血绷带

急救止血绷带由自粘弹性绷带、敷料垫和固定钩组成。敷料垫表面添加壳聚糖、海藻酸钙纤维等物质，具有促凝血、抗感染等功效，同时不粘连伤口。

（2）三角巾加压包扎止血

敷料覆盖于伤处；三角巾折成条带（比敷料略宽）压在敷料上；用力拉紧条带缠绕伤肢两周后打结。

（二）止血带止血术

止血带是控制四肢致命性出血的最有效工具。常见止血带有旋压式止血带、橡皮止血带、卡式止血带、充气止血带等。在缺乏制式止血带的情况下，也可用绷带、三角巾、布条等代替止血带。下文重点介绍橡皮止血带的使用方法。

1. 目的

对四肢大出血进行止血。

2. 适应证与禁忌证

橡皮止血带止血适用于四肢受损的动脉或静脉大出血。动脉出血速度快、呈喷涌状，颜色鲜红，血液不易凝固，须尽快控制出血。静脉出血常缓缓流出、颜色暗红，大部分静脉损伤破裂后即塌陷，故比动脉出血易控制。深静脉出血量也可能很大，难以控制。但若伤口或创面较大，出血不及时处理，可以引起出血性休克。止血带常用于威胁生命的四肢大出血。判断方法为：伤员四肢的伤口正在不断有血液涌出或喷射性出血，以及伤员肢体离断伤。

3. 操作步骤

（1）评估情况：在使用止血带前，首先确认是否真正需要使用止血带。止血带通常用于四肢大动脉的剧烈出血，并且当其他方法（如直接压迫）无效时使用。

（2）暴露伤口：如果伤口被衣物覆盖，需要剪开或提起衣物，看清出血部位。

（3）放置止血带：在出血点近心脏方向的上肢或大腿位置，放置止血带。避免在伤口上或关节处放置止血带。

（4）紧固止血带：拉紧止血带并固定，根据具体产品的说明，可能需要扭转杆或拉紧带。调整止血带的紧度直到出血明显减少或停止。过紧可能导致组织损伤，太松则无法有效止血。

（5）记录时间：记录使用止血带的时间。这一信息对后续的医疗救治至关重要，因为止血带不能长时间绑定，需要医疗人员根据绑定时间调整治疗策略。

（6）监视与支持：在等待职业医疗救助的同时，持续监视伤者的生命体征（如意识、皮肤颜色和体温）。保持伤者温暖，并让他们尽量保持镇静，具体操作如图8-1所示。

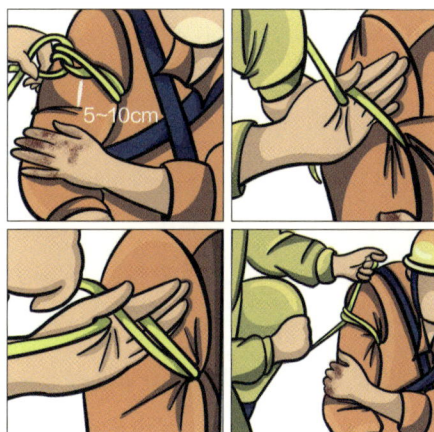

图8-1　止血带止血

（三）填塞止血术

1. 目的

用于控制深部伤口，尤其是在四肢和身体的窄隙中难以直接压迫的出血。

2. 适应证与禁忌证

纱布填塞止血法适用于较难控制的出血和大量出血。

3. 操作步骤

（1）开放伤口：如果伤口被衣物覆盖，轻轻移开或剪开衣物以暴露伤口。

（2）清理表面：如果伤口周围有大量污物或碎片，尽可能轻柔地清理，但不要过度操作，以免加重出血。

（3）填塞：用干净的纱布或止血材料开始逐步填充伤口，从最深处开始，确保填塞材料直接接触到出血点。使用手指（如果手套保护的话）或小型工具辅助填充，但要尽量避免对伤口造成额外的伤害。

（4）施加压力：伤口完全填塞后，在外部用另一块干净的纱布或布料覆盖，并施加持续而均匀的压力。

（5）固定包扎：使用绷带或任何可用的材料将填塞材料和压迫布料固定于伤口处。

（6）评估和支持：持续监测出血情况和患者的生命体征，保持伤者温暖和安静，并尽快寻求专业医疗帮助。具体操作步骤如图8-2所示。

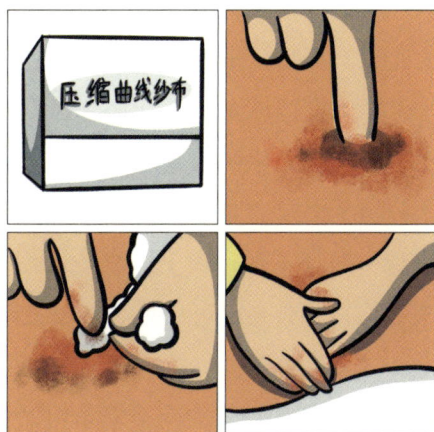

图8-2　纱布填塞止血法

二、包扎技术

伤口被细菌感染，会危害伤员健康甚至危及生命。因此，在伤员受伤之后应立即对伤口进行包扎。包扎的目的在于保护伤口，防止进一步污染。常用的包扎方法有尼龙网套包扎法、绷带包扎法、三角巾包扎法、胸带包扎法、腹带包扎法等。其中，尼龙网套具有较好的弹性，使用方便，头部及四肢均可使用其包扎。绷带有纱布绷带、弹力绷带、自粘绷带、急救创伤绷带等种类。绷带包扎是包扎技术的基础。在使用绷带前，应以无菌敷料覆盖伤口；使用绷带时，一手拿绷带的头端并将其展平，另一手握住绷带卷，由伤员肢体远端向近端包扎，用力均匀。三角巾一般为等腰三角形，顶角有一根长带子。把三角巾的顶角折向底边中央，根据需要可折叠成不同宽度的条带状。本部分将重点介绍使用三角巾和急救创伤绷带针对不同部位伤口的包扎方法。

（一）目的

用于头面部、肩部、胸背部、腹部、臀部、四肢关节、手足部伤口的包扎。

（二）适应证与禁忌证

三角巾包扎时，可根据不同伤情将三角巾折叠成条带式、燕尾式、蝴蝶式等不同形状。三角巾完全展开为一般式，多应用于颅顶部、胸部等部位包扎；条带式多应用于头、下颌、眼、耳、膝、肘等较小伤口的包扎，也可作为悬吊带；燕尾式多用于肩、臀、腹股沟部等部位包扎；蝴蝶式多用于双肩、双胸、双臀、双背部伤口的包扎。

（三）操作步骤

1. 帽式包扎

（1）准备三角巾：将三角巾平铺，确保其干净整洁，以免感染伤口。

（2）折叠三角巾：将三角巾对折，使之成为一个较小的三角形。

（3）定位三角巾：让伤者保持良好的姿势，轻轻将三角巾的长边对齐于伤者的额头，确保三角巾的顶点可以稍微超过伤者的头顶。

（4）固定三角巾：将三角巾两端绕过耳朵，轻轻拉紧并在头顶或后脑勺处打结。确保打结处不在伤口上，避免对伤口产生压力；调整三角巾顶端，使其舒适地覆盖住头部伤口，必要时可以轻微调整三角巾，以覆盖伤口。

（5）检查包扎：检查包扎是否适当。确保三角巾既固定又舒适，不妨碍血液循环或呼吸；如有必要，调整三角巾紧度以确保伤者舒适，并保持三角巾的包扎稳固，如图8-3所示。

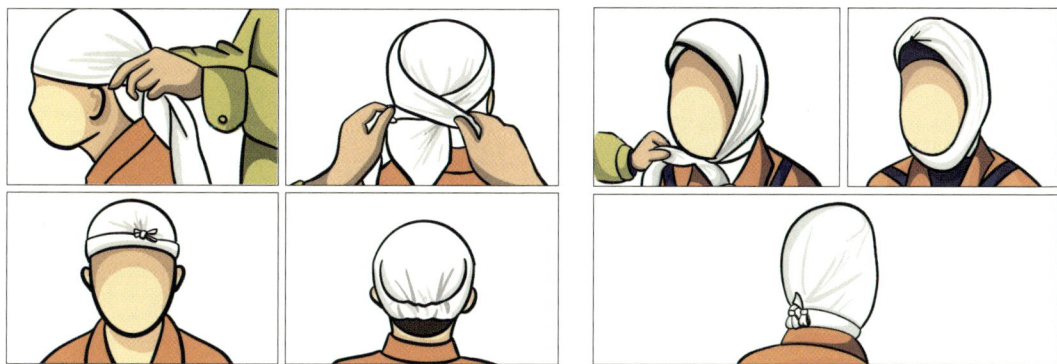

图8-3　帽式包扎

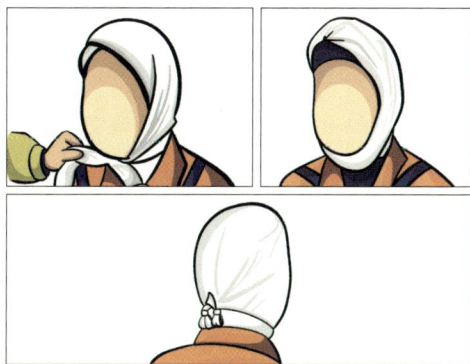

图8-4　风帽式包扎

2．风帽式包扎

（1）展开三角巾：把三角巾完全展开，保持其三角形状。

（2）定位三角巾：让伤者坐稳或躺平。将三角巾下边的一长边上的一角放在伤者的前额上，使三角巾覆盖住整个头部，确保三角顶点垂在伤者的后脑勺。

（3）固定三角巾：把位于伤者前额的两个角沿着头部两侧往后带，绕过耳朵，轻轻地在头部的后面或者下巴处打结固定；如果三角巾的顶点很长，可以将它轻轻向上折叠至合适的位置，然后将其固定在打结的位置，或者干脆将其塞入两侧绑带下以固定。

（4）检查包扎：仔细检查包扎是否稳固，确保三角巾紧贴头皮，既要舒适也要固定住伤口；确保包扎不会妨碍伤者的视线和呼吸，如图8-4所示。

3．面具式包扎

（1）折叠三角巾：将三角巾完全展开，中心对折，使其成为一个较大的三角形。

（2）定位三角巾：让伤者坐稳或躺下，保持舒适的姿势。将三角巾的长边对齐伤者的眉毛上方（略低于额头），使三角巾覆盖整个面部。三角巾的尖角应朝下，覆盖嘴巴和下巴。

（3）固定三角巾：将三角巾两侧的角沿着脸部两边向后拉，轻轻绕过耳朵，紧贴头部后束在脑后或者颈后打结。确保结扎的位置舒适，不压迫耳朵，也不应过于紧绷；如果三角巾较长，可将多余的部分轻轻折回，固定于包扎的其他部分中。

（4）检查包扎：检查包扎是否覆盖了所有需要保护的部位。确保包扎不会滑移且在不影响呼吸和视线的情况下进行固定；调整三角巾的紧密程度，确保它既能固定也能让伤者感到舒适，如图8-5所示。

图8-5　面具式包扎

4. 单眼/双眼包扎

（1）折叠三角巾：将三角巾对折成一个较小的三角形。

（2）定位三角巾：让伤者坐下或仰卧，头部保持稳定。将三角巾的长边平行于伤者的眉毛，覆盖受伤的单眼/双眼。确保受伤的眼睛被三角巾轻柔覆盖。

（3）固定三角巾：将三角巾的两个尾角绕过头部，轻轻交叉并在头部另一侧或颈后打结。确保打结既固定又不会对头部造成过大压力。进一步调整三角巾的位置，确保包扎舒适且稳固。单眼包扎和双眼包扎分别如图8-6和图8-7所示。

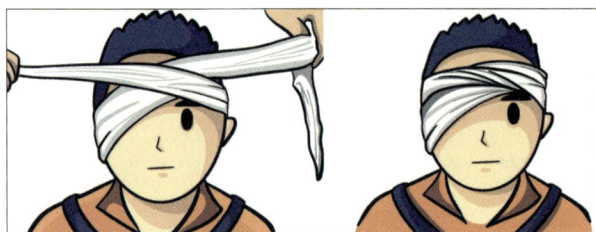

图8-6　单眼包扎

图8-7　双眼包扎

5. 单耳包扎

（1）折叠三角巾：将三角巾完全展开，然后折叠成较小的三角形，以便能够适当覆盖耳朵及其周围区域。

（2）定位三角巾：让伤者保持舒适的坐姿或半卧姿势。将三角巾对折后的底边放置在受伤耳朵的下方，确保三角巾覆盖受伤的耳朵。

（3）固定三角巾：将三角巾最顶端的尖角向上延伸至头顶上方，然后将两侧的角沿着耳朵前后绕到头顶或颈后某个舒适的位置打结。确保打结处既稳固又不会给头部或颈部带来不适。

（4）检查包扎：检查包扎是否牢固且不会滑移，同时确保不对耳朵施加过多压力，特别是受伤的耳朵。确保伤者感到舒适，包扎处不应过紧，以免影响血液循环，如图8-8所示。

6. 双耳包扎

（1）折叠三角巾：选用一条干净、大型的三角巾，以确保足够覆盖双耳及其周围区域。将三角巾完全展开，然后

图8-8　单耳包扎

对折成一个大的三角形。

（2）定位三角巾：让伤者坐下或保持舒适的半卧姿势。将三角巾的底边放在受伤者的前额上，确保三角巾足以覆盖双耳。

（3）固定三角巾：将三角巾的上顶端尖角轻轻拉过头顶往下，直到颈背部位。同时，将两侧的角沿着耳朵前后绕过头部，然后在头顶的适当位置打结。确保打结稳固但不会造成颈部或头部的不适。

（4）检查包扎：确保三角巾的包扎覆盖了两耳且不会压迫到耳朵，尤其注意不要施加额外的压力在受伤的耳朵上。检查包扎是否舒适稳固，同时确保三角巾不会滑动或松脱，如图8-9所示。

7．下颌包扎

（1）折叠三角巾：选用一条干净的三角巾，确保其大小足以覆盖并固定下颌部位。将三角巾完全展开，然后折叠成较小的三角形或根据需要将其折叠成条状，确保其宽度可以适当覆盖下颌至头顶。

（2）定位三角巾：轻轻地将三角巾置于受伤者的下颌下，确保其一端位于下颌下方，另一端足以围绕头部。

（3）固定三角巾：将三角巾的两端绕过耳朵，小心地固定在头顶或颈后的适当位置打结。打结时要确保稳固而不过紧，避免对受伤者造成额外的不适或压迫。

（4）检查包扎：检查包扎是否舒适稳固，确保三角巾既能有效地固定下颌，又不会对颈部、呼吸或者受伤部位造成过度压迫。必要时进行适当调整，以确保伤者舒适且包扎稳固，如图8-10所示。

图8-9　双耳包扎　　　　　　　　图8-10　下颌包扎

8．单肩燕尾式包扎

（1）折叠三角巾：将三角巾完全展开，将其对折，使之成为一个较大的三角形。

（2）创建燕尾：将三角巾的对角线一端（顶点）向内折叠约1/4到1/3的长度，以形成一段平行于底边的"燕尾"。

（3）定位三角巾：让伤者将受伤的手臂置于伤侧，手臂呈约90°弯曲的姿势。把已经形成"燕尾"的三角巾横过受伤者的胸前，确保折叠后形成的燕尾位于伤侧手臂的下方。

（4）固定三角巾：将三角巾的长边从伤侧的下方绕过背后，经对侧腋下再回到前面。确保折叠的部分能够有效支撑受伤的手臂。另一端（未折叠的顶点）则从伤侧上方绕过胸部和健康的肩膀，从背后回到前面。

（5）完成包扎：在受伤者胸前的适当位置将三角巾的两端打结。确保结紧固但不要太紧，以免妨碍血液循环或导致不适，如图8-11所示。

9. 双肩燕尾式包扎

（1）折叠三角巾：使用两块干净、足够大的三角巾，以确保能够覆盖和支撑整个肩部和上臂区域。每块三角巾都完全展开后对折成一个大三角形。

（2）创建燕尾：针对每一块三角巾，将其顶点向底边方向折叠约1/4至1/3的长度，形成两个"燕尾"。

（3）定位三角巾：让伤者将手臂自然放置在身体两侧，每只手抓住一条三角巾的燕尾部分。

（4）固定三角巾：将其中一块三角巾的长边从一侧肩膀下方绕过背后，通过对侧肩下再绕回前方。确保燕尾部分位于肩部下方，以提供必要的支撑。另一块三角巾同样操作，确保对称性和均等的压力分配。

（5）完成包扎：在胸前将两块三角巾的长边交叉并打结。检查结点是否紧固但不要过紧，以免影响血液循环或造成不适，如图8-12所示。

图8-11　单肩燕尾式包扎　　　　图8-12　双肩燕尾式包扎

10. 胸（背）部一般包扎

（1）折叠三角巾：使用一块干净的大三角巾。确保三角巾的尺寸足以覆盖整个胸部或背部需要固定的区域。将三角巾完全展开，然后对折成一个三角形。

（2）定位三角巾：将三角巾轻置于胸部或背部受伤区域。若是胸部，确保三角巾能覆盖并固定胸腔受伤位置；若是背部，确保能够有效覆盖和支撑受伤的部分。

（3）固定三角巾：将三角巾两端从受伤者的两侧带到背后，交叉后再绕回到前部。若需要更稳固地固定，可以在背部再次交叉后带回前部。

（4）完成包扎：在受伤者的前侧将三角巾的末端打结。确保结紧固但不要太紧，以免影响呼吸或导致不适，如图8-13所示。

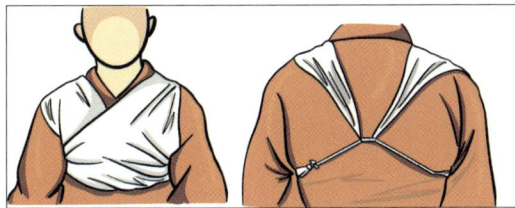

11. 胸（背）部双侧燕尾式包扎

（1）折叠三角巾：使用两条干净、大型的三角巾。确保每块三角巾的大小足以在胸部或背部围成所需的覆盖面积。将每块三角巾完全展开后对折成一个大三角形。再将三角尖端向长边折叠大约1/4至1/3的长度，形成燕尾式的形状。

（2）定位三角巾：让受伤者轻微前倾，将一块三角巾的燕尾部分置于受伤者背部的中间位置，确保燕尾正好处于背部的中线。

（3）固定三角巾：将每块三角巾的两端从受伤者的腋下穿过，绕到胸前或背后，取决于对受伤部位最有效的支撑位置。确保三角巾覆盖并支撑胸部或背部的受伤区域。

（4）完成包扎：在受伤者体前或体后（取决于对受伤部位最有效的支撑点），将三角巾的两端打结。确保结紧固但不过紧，避免影响受伤者的呼吸或舒适度，如图8-14所示。

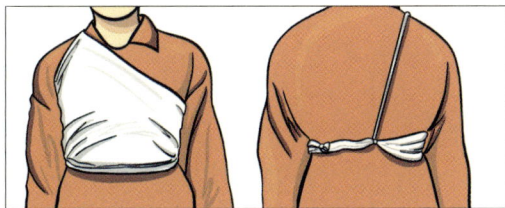

图8-13　胸（背）部一般包扎　　　　图8-14　胸（背）部双侧燕尾式包扎

12. 臀部单侧包扎

（1）折叠三角巾：使用一条干净、大型的三角巾，确保三角巾足够大以覆盖受伤的臀部区域。将三角巾完全展开后对折成一个大三角形。

（2）定位三角巾：让受伤者轻松地站立或躺下，取决于他们的舒适度和受伤情况。将三角巾的长边对齐于受伤一侧的腰部，确保三角巾的尖端可以下垂过臀部，覆盖受伤区域。

（3）固定三角巾：将三角巾的一个尾端从受伤侧的腹部旁绕过身体，带到对侧腰背后。另一个尾端则从受伤侧直接向上绕过肩膀。对于受伤侧的尾端可直接绕过腰部前方，然后同另一尾端在肩膀附近交会并打结。

（4）调整和固定：确保三角巾紧贴受伤的臀部区域，并且包扎的结应在不会对受伤者造成压迫或不适的位置。调整三角巾，使其既能提供足够的支持，又不会过紧以致影响血液循环，如图8-15所示。

图8-15　臀部单侧包扎

13．臀部双侧包扎

（1）折叠三角巾：准备两条大型干净的三角巾，确保每条三角巾的尺寸足以覆盖并围绕整个臀部区域。将两块三角巾分别完全展开，然后对折成大三角形。

（2）定位第一块三角巾：让受伤者平躺或以最舒适的姿势坐下。将第一块三角巾的长边对准臀部下方，使尖端指向一侧大腿的前方，覆盖一个臀部区域。

（3）固定第一块三角巾：把三角巾的两个尾端沿着腰部向另一侧绕过，确保覆盖住受伤的臀部区域。尾端可以在腰侧或前方打结固定。

（4）定位和固定第二块三角巾：以相同的方式应用第二块三角巾，但覆盖另一侧的臀部区域，并确保与第一块三角巾重叠以提供全面支持。

（5）完成包扎：根据需要调整两块三角巾，确保它们紧密贴合受伤区域，但又不会过紧影响血液流通。包扎的结应位于舒适的位置，不应给受伤者带来压迫感，如图8-16所示。

14．上肢包扎

（1）准备三角巾：使用干净的三角巾，将其完全展开成一个大的三角形。

（2）定位三角巾：让受伤者保持舒适的姿势，可以是坐下或站立。将受伤的手臂置于胸前，使手臂呈大约90°的弯曲状态。将三角巾放置于受伤的手臂下，确保三角巾的一边横贯胸前，另两端分别位于健康和受伤一侧的肩上。

（3）固定三角巾：将三角巾一底角打结后套在伤侧手上，另一底角沿手臂后侧拉到对侧肩上，顶角包裹伤肢并打结固定。确保打结位置不会对颈部造成压迫，同时又足够稳固。三角巾末端的角落，如果有余裕，可以稍微塞入或固定在另一侧，以进一步减少手臂的移动，如图8-17所示。

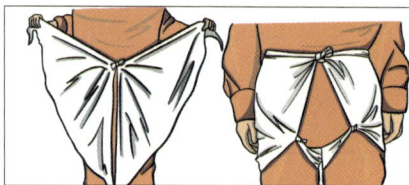

图8-16　臀部双侧包扎

图8-17　上肢包扎

15．手部一般式包扎

（1）准备三角巾：将三角巾展开，折成合适宽度，以适应手部的大小。

（2）定位三角巾：患者将受伤的手置于三角巾的中央，位置应使三角巾可以覆盖整个手部，并留有足够的绷带长度在腕部打结。

（3）固定三角巾：将三角巾两端绕过腕部，轻拉紧并在手背的一侧或腕部的下方打结。避免绑得过紧，以防止影响血液循环。给予足够空间确保手指可微微动弹，但又足够固定以减少移动，如图8-18所示。

16．手部"8"字包扎

（1）准备三角巾：将三角巾展开，并根据需要折叠成合适宽度的长条状。对于手指的包扎，宽度应该适中，以便能够舒适地绕过手指并形成"8"字形结构。

（2）开始包扎：选定起始位置，通常在手指的基部或手腕处开始绑定，确保起始固定点不会太紧，以免妨碍血液循环。

（3）形成"8"字形绷带路径：细心地绕过需要支持的手指或手部区域，并交替地在手指（或指定部位）和手掌之间形成"8"字形的捆绑路径。每次缠绕时，轻轻拉紧，但要保证不会造成不适或影响血流。在形成"8"字形路径时，可以通过在手指根部和需要支持的关节上交叉绷带来提供额外的稳定性。

（4）结束包扎：固定受伤部位后，在适当的位置结束包扎。可以使用绷带扣、安全别针或简单的结来固定三角巾的尾端。确保结束点舒适且固定，但不过紧，如图8-19所示。

图8-18　手部一般式包扎

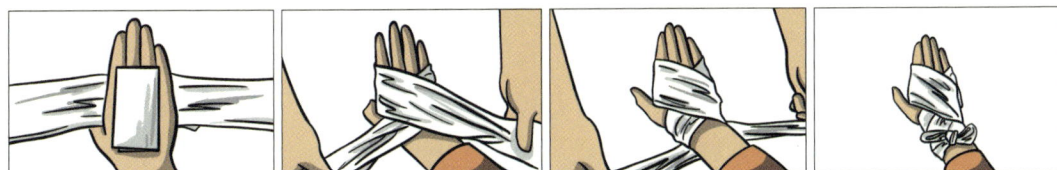

图8-19　手部"8"字包扎

第三节　急救创伤绷带包扎

一、目的

用于头部、肩部、胸腹部、四肢关节、腹股沟、伤肢断端等伤口的包扎。

二、适应证与禁忌证

适应证：体表各部位的伤口，除采用暴露疗法者，一般均需要包扎。

禁忌证：厌氧菌感染、犬咬伤需暴露的伤口。

三、操作步骤

（一）头部包扎

（1）包扎：使用适当大小的纱布覆盖在伤口上，确保纱布覆盖范围足够大，既可以覆盖整个伤口也不会轻易移位。开始绕绷带前，确定绷带宽度和伸展度适合所需的包扎方式。将绷带首端略微固定在头部的一个点（例如额头或后脑勺上方），根据伤口位置和头部形状，轻拉绷带，以45°角缠绕头部，固定纱布。每一圈绷带都应轻微重叠前一圈约一半的宽度，确保均匀分布绷带的压力，同时不要绷得太紧，以避免影响血液循环。

（2）固定绷带：绕到最后，用医用胶带或者绷带自带的扣子确保绷带末端固定。确认绷带整体固定情况良好，既不会轻易松动，也不会过于紧绷。

（3）评估与观察：包扎完成后，再次检查绷带的紧固程度，确保不会影响血液循环，查看头皮的颜色是否正常，确保没有麻木或过冷的状况。观察伤口是否有出血或渗液现象，如有需要则调整绷带，如图8-20所示。

图8-20　头部包扎

（二）肩部包扎

（1）包扎：绷带从伤者的胸部下方开始，环绕胸部一周，适当地调整绷带的紧度，以避免过紧导致呼吸困难。包扎时，确保不会过分地压迫胸腔。包扎人员应根据伤口的位置和胸部的具体需要，适当调整绷带的走向和层数。绷带的目的在于固定敷料，支持伤口区域并减少因移动而导致的摩擦和压力。

（2）调整紧度：绷带的紧度应能够确保肩部得到适当的支撑，同时不妨碍血液循环。确保受伤者感到舒适，绷带既不应过紧也不应过松。

（3）监测血液循环：包扎后，定期检查受伤侧手臂和手指的循环情况。可以通过触摸受伤侧手指的温度和颜色，询问受伤者是否感觉麻木或刺痛来评估。

（4）持续监控：肩部绷带可能需要根据肿胀情况进行调整。随着时间的推移，如果肿胀减轻，可能需要重新调整绷带以保持适当的支撑力，如图8-21所示。

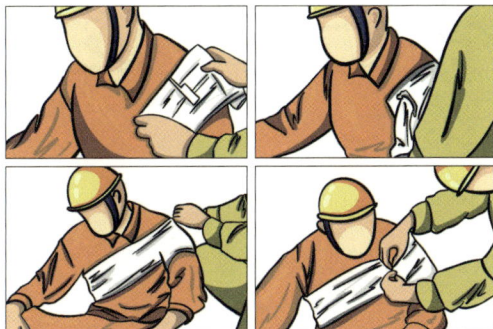

图8-21　肩部包扎

（三）胸部包扎

（1）使用适当的敷料：根据伤口的类型和大小，选取合适敷料。如果伤口较小，可以使用创可贴或纱布；如果较大或存在穿透性伤口，则可能需要更大片的敷料。

（2）固定敷料：使用医用胶带固定敷料，确保敷料覆盖并略微超出伤口周围。

（3）包扎：从伤者的胸部下方开始，将绷带环绕胸部一周，适当地调整绷带的紧度，以避免过紧导致呼吸困难。包扎时，确保不会过分地压迫胸腔。应根据伤口的位置和胸部的具体需要，适当调整绷带的走向和层数。

（4）检查绷带紧度：包扎完成后，检查绷带的紧度是否适宜。绷带不应影响正常的呼吸或血液循环。询问伤者是否感觉不适或有任何疼痛，如图8-22所示。

图8-22　胸部包扎

（四）腹部包扎

（1）开始包扎：包扎前让受伤者平躺，呼吸自然。如有纱布或垫片，则需要确认已正确覆盖伤口。从腹部一侧开始，轻轻将绷带绕过腹部，从下至上或从上至下均匀地覆盖整个腹部。

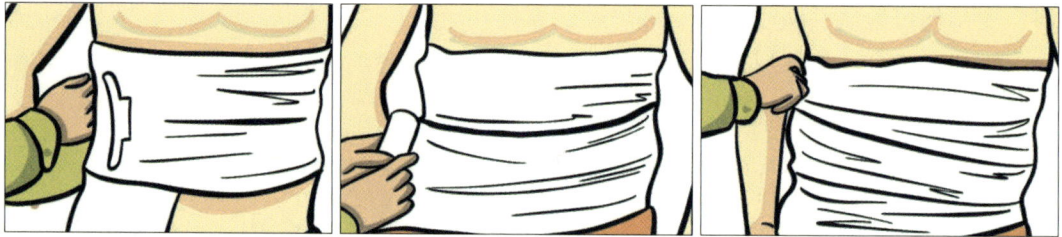

图8-23 腹部包扎

（2）绷带的固定：确保绷带足够宽，能够覆盖整个受影响区域。绷带应当固定得平坦而均匀，不要过紧，以免影响呼吸或增加内部压力。

（3）检查和调整：检查绷带松紧度。确保受伤者能够舒适地呼吸，不感到任何压迫性疼痛。定期检查绷带，确保其未松动并保持正确的位置。如图8-23所示。

（五）肘（膝）部包扎

（1）包扎：从关节的远端（例如，膝部的情况下从小腿下方开始，肘部则从前臂开始）开始包扎。确保在关节处留出一定的活动空间，以防止绷带过紧。

（2）包扎方法：对于肘部，在肘部稍微弯曲的状态下开始包绕，以确保包扎后肘部仍然可以进行必要的活动。确保包扎覆盖整个关节，但不应过紧。对于膝部，在膝部微弯的状态下开始包绕，确保覆盖整个膝盖区域。每圈绷带应略微重叠上一圈的一半，绷带应保持均匀张力以避免松弛或过紧。

（3）结束包扎：使用胶带、安全别针或绷带夹固定绷带的末端，确保绷带不会滑落。检查绷带的松紧度，确保不会阻止血液流动。可通过观察手指或脚趾的颜色，确认是否有发紫或过白的现象。

（4）监测和调整：在接下来的几小时内，持续观察肘部或膝部的感觉、温度和颜色，确保绷带没有过紧。如果有任何不适，如疼痛加剧、麻木或刺痛感，应调整或重新包扎，如图8-24所示。

图8-24 肘（膝）部包扎

（六）四肢包扎

（1）评估伤情：开始包扎前要评估受伤部位的状况，包括是否有开放性伤口、骨折、扭伤或脱臼。

（2）清洁和保护伤口：如果存在开放性伤口，首先需要清洁伤口，并使用消毒剂消毒。覆盖伤口的纱布应足够干净并可以阻隔细菌。

（3）包扎：从伤口或受伤部位远端开始轻轻包绕，逐渐向心脏方向包扎。例如，如果是小腿或手臂，从手或脚的远端（手指或脚趾）开始，向上包扎。每转一圈重叠上一圈的1/3到1/2。确保绷带平坦、不起褶。

（4）确定包扎的松紧度：包扎不能太紧，以免阻碍血液循环。常规检查受伤肢体的末端（如手指或脚趾），确认其温度、颜色、活动能力并观察是否有麻木或刺痛的感觉。受伤者应能够在不感到痛苦的情况下，稍微移动被包扎肢体的末端。

（5）固定绷带：使用安全别针、胶带或其他绷带固定器固定绷带末端。确保固定处不会对皮肤造成额外压迫或摩擦，如图8-25所示。

图8-25　四肢包扎

（七）腹股沟包扎

（1）确保环境安全：必须确保现场安全，避免任何可能造成进一步伤害的因素。

（2）佩戴个人防护装备：如果条件允许，戴上手套和其他适当的个人防护设备以防止交叉感染。

（3）评估情况：快速评估伤者的意识状态和呼吸情况。如果伤者处于昏迷或有呼吸困难，应立即寻求紧急医疗援助。

（4）直接压迫止血：使用干净的布料或创伤绷带对出血点施加直接压迫。沿着腹股沟区域，直接对准出血点施压可以帮助控制出血。避免使用过度的力量，以免对周围组织造成额外伤害。

（5）保持压迫绷带的正确位置：确保压迫点是正确的，持续对出血处施加压力。

图8-26　腹股沟包扎

如果可能，另一块干净的绷带可以用于进一步固定第一块绷带。

（6）调整伤者位置：如果伤者意识清醒，在不增加伤者痛苦的情况下，可以尝试让他平躺并适当抬高受伤的区域。这一举措有助于降低血压在出血部位的影响。

（7）保暖并监控伤者状态：维持伤者体温，避免休克发生。监控伤者的意识、皮肤颜色和体温变化，如图8-26所示。

（八）断肢残端包扎

（1）确保场景安全：在进行任何急救操作前，确保现场安全，避免任何可能导致进一步伤害的因素。

（2）佩戴个人防护装备：尽量佩戴手套和其他个人防护设备，防止交叉感染。

（3）控制出血：若断肢残端出血较多，首先应使用干净的创伤绷带进行直接压迫，控制出血。压迫时应尽可能平稳一点不要施加太大压力，以免损伤残端组织。

（4）清洁伤口（如果条件允许）：使用无菌生理盐水或清洁水轻轻清洗伤口周围的皮肤，避免接触断面本身。

（5）包扎：使用无菌的创伤绷带覆盖在断肢残端上。从距离伤口最近的部位开始绑扎，逐步向外延伸，确保绷带分布均匀、无过紧或过松的情况。绷带的第一圈应相对较紧，以确保有足够的压力控制出血，但是要注意不要过紧，以避免造成局部血液循环障碍。

（6）固定断肢：如果断肢已找回，应将其用干净的布料轻轻包裹，然后放置在塑料袋中，并放在冰箱中保存（不要直接接触冰块）。务必标记保存断肢的时间，如图8-27所示。

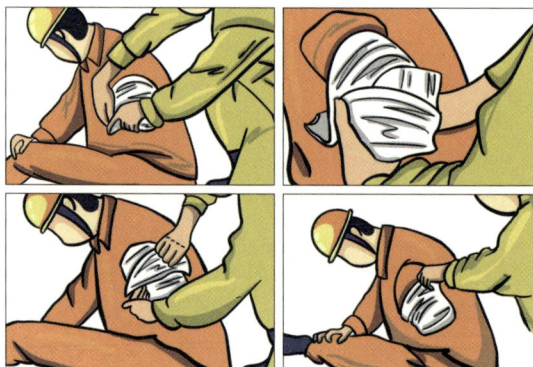

图8-27　断肢残端包扎

第四节 骨折固定、搬运

一、固定的方式方法

固定技术主要用于骨折的伤员。及时、准确的固定有助于减少骨折部位活动，减轻疼痛，避免血管、神经、骨骼及软组织的进一步损伤，预防休克，为伤员的进一步搬运提供有利条件。救援现场首选夹板固定技术，其中卷式夹板因携带方便、可随意塑形、可按需弯曲裁剪等优点而被广泛应用。在器材缺乏又急于施救的情况下，可采用自体简易固定技术、三角巾固定技术或就地取材（如木棍等）固定伤肢。

（一）固定的目的

1. 防止进一步损伤

固定后，骨折端就不会移动，可避免锐利的骨折端刺破皮肤和损伤周围软组织、神经及大血管。

2. 减轻伤员疼痛

固定后，肢体得以休息，可减轻疼痛。

3. 便于伤员后送

只有固定骨折端，才能在搬运和后送过程中减轻伤员痛苦和避免加重伤情。

（二）适应证与禁忌证

救援现场需要完成的是临时固定，其目的是制动。因此对变形的肢体只进行大致复位，以便于固定。禁止对骨折断端进行反复复位。适应证：（1）四肢闭合性骨折；（2）四肢开放性骨折，创面小或经处理闭合伤口者。禁忌证：（1）较严重的开放骨折；（2）难以整复的关节内骨折；（3）难以固定的骨折；（4）肢体肿胀严重伴有水泡者；（5）伤肢远端脉搏微弱，末梢血运循环较差或伴有动静脉损伤者。

（三）操作步骤

1. 卷式夹板肱骨骨折固定

（1）评估受伤情况：首先确定患者是否有开放性骨折或其他紧急症状，如严重出血或骨头突出，需要立即医疗干预。轻轻检查肌肉、皮肤的感觉和血流状况，确保没有神经或血管损伤的迹象。

（2）准备夹板材料：准备足够大的卷式夹板，使其可以覆盖整个肱骨区域并且能够延伸到邻近的关节，即至少涵盖从肘部到肩部。

（3）固定前的位置调整：在固定之前，轻轻将肢体移动到自然、舒适的位置，避免过度移动可能已经骨折的区域。通常建议手臂稍微弯曲，这有助于保持肢体在自然的解剖位置。

（4）应用夹板：将夹板材料卷绕在受伤的手臂周围。确保夹板覆盖住肱骨骨折的整个长度，并且包括接近的关节，通常是肩关节和肘关节。使用绷带或其他适当的材料固定夹板，避免包绑太紧，以免影响血液循环。

图8-28　卷式夹板肱骨骨折固定

（5）检查固定后的情况：固定之后，再次检查手指的感觉、活动能力和颜色，确保没有因为过紧的夹板而压迫到血管或神经。确保患者感觉舒适，疼痛得到适当的缓解，如图8-28所示。

2.　卷式夹板尺桡骨骨折固定

（1）评估受伤情况：在处理之前，确认是否存在开放性骨折、严重出血或显著变形。轻轻检查手部和手指功能，确保没有严重的神经或血管损伤的迹象。

（2）准备夹板材料：选用覆盖整个尺桡骨区域的卷式夹板，从肘关节延伸至腕部。

（3）固定前的位置调整：尽量将手臂放置在自然的位置，一般建议手臂轻微弯折，并保持手掌朝向腹部（称为中性位）。确保手部和手指处于轻松自然的状态，避免过分压迫或扭曲。

（4）应用夹板：把夹板轻轻卷绕在手臂和手腕周围，确保包括肘部和腕部两端。用适量的绷带固定夹板，注意不要太紧，以免影响血流。

（5）检查固定后的情况：固定后，检查手指的活动性、感觉和颜色，确保血流和神经功能正常。确保夹板能够有效缓解疼痛并保持舒适，如图8-29所示。

3.　卷式夹板股骨骨折固定

（1）评估受伤情况：检查是否存在开放性骨折或其他严重伤害，如出血、显著畸形。确认伤者是否能承受轻微的移动，因为股骨骨折通常疼痛非常剧烈。

（2）准备夹板材料：确保夹板的长度

图8-29　卷式夹板尺桡骨骨折固定

和稳定性足以覆盖整个受伤腿部，从大腿到膝盖，最好能延伸到踝部。

（3）固定前的位置调整：患者需躺平，尽量减少移动。将受伤的腿轻轻置于自然伸展的位置，避免过度弯曲或扭转。

（4）应用夹板：将卷式夹板轻轻包裹在整个受伤的腿部，确保夹板固定包括膝关节及足部，以提供足够的支撑与稳定。使用宽大且有弹性的绷带绕过夹板和腿部多次，注意不要包得过紧，以防止影响血液循环。

（5）检查固定后的情况：固定完成后，检查足部和膝部的血液循环情况，确定没有因包扎过紧而影响血液流通。确保患者感觉舒适，疼痛得到适当的控制，如图8-30所示。

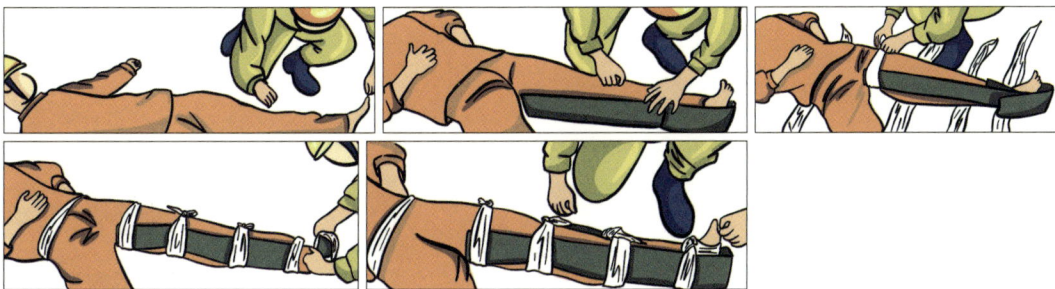

图8-30 卷式夹板股骨骨折固定

4. 颈托固定

对特殊部位（颈椎、锁骨、脊柱、肋骨、骨盆）疑似骨折和损伤的伤员进行固定，防止进一步损伤和减轻伤员疼痛。这种骨折固定适用于疑似颈椎骨折和脱位、锁骨骨折、脊柱骨折、肋骨骨折出现反常呼吸、骨盆骨折的伤员。

（1）准备和评估：在开始之前，确保情况安全，如果可能，戴上手套以减少感染风险。评估患者的意识状态、呼吸和颈部受伤情况，如果有严重伤害迹象，尽量避免移动患者的颈部，并寻求紧急医疗帮助。

（2）选择合适的颈托：根据患者的颈围和颈的长度选择合适大小的颈托。颈托不应太紧或太松，应能够舒适地支撑颈部。

（3）清洁和检查颈部：清洁患者的颈部，确保没有伤口或其他可能与颈托接触的皮肤问题。检查颈部是否有肿胀、瘀伤或其他可见伤害，记录下来。

（4）放置颈托：在放置颈托之前，确保颈托是完好无损的，调节到适当的大小。轻轻地将颈托绕在患者颈部下方，避免不必要的颈部移动。颈托的底部应位于患者的肩胛骨上方，确保颈托可以平稳地坐在肩膀上。

（5）调整和固定颈托：如果颈托有可调节的部分，根据患者的舒适度适当调整，确保颈托既可以稳定颈部，又不会对颈部造成过大的压力。使用颈托的固定带将其牢固地固定在颈部，但注意不要过紧，以免影响呼吸或血液循环。

5. 锁骨骨折"T"形夹板固定

（1）准备和评估：评估患者的整体状况和意识状态，检查锁骨区域是否有开放性伤口或其他紧急问题。避免过度移动受伤区域，以免造成额外损伤。

（2）夹板准备：确保"T"形夹板干净、完整且适合患者使用。夹板一般由竖直和水平两部分组成，竖直部分长度应适当，通常位于患者腋下至腰部，水平部分则覆盖并支撑锁骨部位。

（3）夹板定位：在夹板使用前，可以在夹板下垫上柔软的布料或棉垫，以增加患者舒适度并防止摩擦。小心将夹板置于患侧，确保竖直部分位于腋下，轻轻抬起患者的胳膊以支撑夹板，水平部分覆盖锁骨。

（4）固定夹板：使用绷带或布带围绕夹板和身体进行固定。从胸部开始，围绕锁骨区域和腹部多圈，确保夹板稳固且不易移动，但也要注意不要过紧，以免影响呼吸和血液循环。检查绷带的紧固度，确保患者感觉舒适，无压迫感。

（5）检查与调整：在夹板固定后，确认夹板是否稳定并正确支撑锁骨区域。观察患者的皮肤颜色和温度，确保固定没有妨碍血液循环。让患者反馈固定后的舒适度，必要时调整夹板或绷带的紧密度，如图8-31所示。

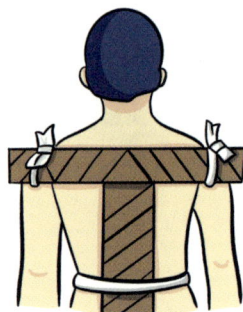

图8-31　锁骨骨折"T"形夹板固定

6. 脊柱简易固定

（1）评估现场安全：接近患者前，确保现场安全，避免自己和患者都处于危险中。

（2）交流保持稳定：平静地与患者沟通，并告知他们尽量不要移动，尤其是避免移动头部和脖子。

（3）稳定头颈部：轻轻地用手，或者请求旁边的人用双手稳定患者的头部，防止任何非必要的移动。手应平放在头两侧。

（4）预备固定装备：如果现场有适当的脊柱固定装备（如脊柱板、颈托），在等待专业医疗救援到来的同时做准备使用。若不熟悉如何正确使用，则最好等待专业人员到达。

（5）应用颈托：如果能够安全地使用颈托，且有此操作的经验，可以小心地给患者佩戴颈托，以进一步稳定颈部。操作时要避免头颈部的任何扭转或弯曲。

（6）保持患者身体温暖与舒适：使用毯子或其他物品轻轻覆盖患者，以提供保暖并给予安慰，但要注意在此过程中不要移动患者。

（7）等待救援：仔细监测患者的呼吸和反应，直到救护车或专业医疗人员到达。

（8）避免不必要的搬运：除非在极为危险的情况下，尽量不要移动患者，因为不当的搬运可能会导致更严重的伤害。

7. 骨盆骨折包扎固定

（1）评估和准备：对伤员进行全面评估，确定是否存在骨盆骨折及其严重程度。准备所需的材料，通常包括长的弹性绷带或专用的骨盆固定带。

（2）安静不动：让伤员保持平卧位，尽量减少移动，以防骨折处错位加剧。

（3）包扎方法：使用弹性绷带或骨盆固定带围绕伤员的骨盆区域。开始时将带子置于髋骨上方，绕过大腿的前部，回到起始位置形成一个环。紧紧拉紧绷带但不要过紧，以免影响血液循环。重点是稳定骨盆并减少骨盆移动。确保绷带的压力均匀分布，避免在某个点造成过多压力。

（4）固定检查：完成包扎后，检查伤员的脚趾温度、颜色和感觉，确保绷带不会过紧影响血液流动。观察伤员是否有因绷带过紧而增加的疼痛或不适，必要时调整包扎松紧。

（5）稳定转移：如需转移伤员，应使用担架，并确保尽量平稳和小心地移动，避免对骨盆区域造成进一步的伤害。

二、搬运的方式方法

为使伤员尽快脱离施工环境，应首先将伤员搬运至隐蔽处，一般采取徒手的背、抱、搀扶、拖拉等办法，但有些伤员由于受伤类型等原因，在徒手搬运过程中可能会造成二次损伤，因此要根据不同的伤员和病情，因地制宜地选择合适的搬运方法和工具。在搬运前，需合理分配和调整搬运力量。搬运人员要尽可能做好初步急救处理，根据伤情、敌情、地形等情况，选择不同的搬运方法和运送工具，确保伤员安全。搬运动作要轻而迅速，避免和减少振动，并时刻注意伤情变化。

（一）单人搬运法

单人搬运法包括扶持法、抱持法和背负法等。

1. 扶持法

（1）适用范围

扶持法是一种在紧急情况下用于移动轻伤员的搬运技术，尤其适用于救援者需要单独行动并快速移动伤员至安全区域的场合。这种方式适合于伤员意识清醒且无明显颈部或脊柱伤害的短距离移动。

（2）操作步骤

救援者站在伤员的一侧。救援者用一手环绕伤员的腰部或臀部，为其提供侧面的支撑；如果条件允许，伤员的手臂应搭放在救援者的肩膀上，以帮助分担体重。救援者的另一只手可以用来抓住伤员围绕救援者肩膀的手，从而提供更稳固的支撑。救援者与伤员共同决定移动的速率和方向；救援者应调整自己的步速以适应伤员的步速，确保行走过程中尽可能舒适和稳定。

（3）注意事项

务必确认伤员没有脊髓伤害或其他可能因搬运而恶化的伤情。

2. 抱持法

（1）适用范围

这种方法通常适用于伤员的体重较轻，且没有遭受严重颈部或脊柱损伤，救援者能够在短距离内迅速将伤员从危险场所移动到安全地点的场合。

（2）操作步骤

救援者需蹲下或弯腰，尽量保持背部直立，膝盖弯曲。事先告知伤员打算抱起他，避免因突然的动作引起伤员的恐慌或反抗；如果可能，让伤员用手环抱救援者的颈部或肩部，以方便救援者更好地抱持他们。一只手放在伤员的大腿背面，另一只手放在伤员的背部，确保伤员身体得到充分的支持；利用腿部力量将伤员抱起，以免造成救援者自身的背部伤害，同时尽量让伤员贴近救援者的身体。在移动前确定救援者的行走路径，避免可能的障碍物。缓慢而稳健地移动，保障施救人员和伤员的安全。

（3）注意事项

务必确认伤员没有颈部或脊柱损伤。

3. 背负法

（1）适用范围

这种方法适合在紧急情况下的快速撤离，通常适用于体力较好的救援者，且伤员没有遭受严重的颈部或脊柱损伤，能够长距离搬运的场合。

（2）操作步骤

救援者向伤员解释即将进行的动作，保证伤员的合作；救援者站稳，脚分开与肩同宽。请伤员尽力站立或半蹲，并将一只手搭在救援者的肩上。救援者蹲下或弯腰，使自己的肩膀位于伤员的臀部下方；救援者用一只手扶持伤员的大腿，另一只手扶持伤员的背部或臀部，并慢慢直立身体，让伤员的重量落在救援者的背上。让伤员环绕救援者的胸部或脖子，以获得更好的稳定性；救援者确保双手能自由移动，以保持平衡或移除障碍。

图8-32 背负法

救援者在确定路径清晰无阻碍后开始移动，步伐应稳重缓慢，以避免跌倒，如图8-32所示。

（3）注意事项

背负法要注意伤员没有遭受严重的颈部或脊柱损伤。

（二）双人搬运法

双人搬运法主要包括拉车式搬运法和椅托式搬运法。

1. 拉车式搬运法

（1）适用范围

这种搬运方式速度快，较省力，适用于伤员无法自行移动、紧急情况下的快速撤离和空间狭窄或不适合使用担架等情况。

（2）操作步骤

两名救援者分别站立在伤员的头部一侧和脚部一侧。头部一侧的救援者用一只手支撑伤员的头颈部，另一只手支撑伤员的背部或从腋下将手臂环绕，以稳定伤员的上半身。脚部一侧的救援者蹲下，一只手放在伤员的膝盖下方，另一只手置于伤员的脚踝下方，准备抬起

图8-33 拉车式搬运法

伤员的双腿。两名救援者同时用力，小心地抬起伤员，保持伤员的身体平稳。缓慢且小心地将伤员向目的地移动。整个过程应尽可能平稳，避免快速或急促的移动。到达目的地后，两位救援者需协调动作，同时缓慢地将伤员放下，首先是脚部一侧的救援者轻轻放下伤员的腿，接着是头部一侧的救援者放下伤员的上半身，如图8-33所示。

（3）注意事项

务必确认伤员没有脊髓伤害或其他可能因搬运而恶化的伤情。

2．椅托式搬运法

（1）适用范围

这种搬运方式速度快，较省力，适用于非紧急状态下的短距离搬运、轻伤患者的移动、空间狭窄或不便使用搬运设备的场合。

（2）操作步骤

两名救援者位于伤员两侧，每位救援者需屈膝蹲下，将自己的一只手臂沿着伤员靠近自己这边的背部和底部延伸，形成一个"椅背"；另一只手放在伤员的手臂下，并抓住对方救援者的手或手腕，形成一个"椅背"。在共同的信号下，两名救援者同时用力，从膝盖驱动身体站起，慢

图8-34　椅托式搬运法

慢将伤员抬起。确保动作平稳，避免突然的晃动或摔落。沿着预定的最安全和最短的路径，平稳地移动到目的地。整个过程中，保持与伤员的沟通，注意其舒适度和任何疼痛的反馈。到达目的地后，两位救援者再次协调动作，同时轻轻将伤员放下，如图8-34所示。

（3）注意事项

脊柱损伤禁用此法。

（三）特殊伤员担架搬运

1．昏迷和颅脑受伤伤员搬运

在移动伤员之前，必须使用颈托或其他方法稳定伤者的头和颈。这一步至关重要，以避免加剧颈椎或颅脑伤害。在将伤员移至担架前，如果有条件，由一人负责维持颈部稳定，其他人轻柔地扶住伤员肩膀、背部和双腿，小心地将其平移至担架上，避免任何扭曲或弯曲的动作。如果条件允许，最好有四个人协助搬运担架，每个角落一个人，以确保平稳提升和转移。在人手不足的情形下，至少需要两个人操作，一个人负责保持颈部稳定，另一个人搬运躯体和腿部。小心、平稳地将担架抬起，尽可能维持伤者的水平姿势，避免任何急促或颠簸的动作。

2．胸部受伤伤员搬运

在搬运前，快速评估伤员的呼吸状况和意识水平。注意是否有呼吸困难、皮肤颜色改变（如发紫）或疼痛的迹象，这些都可能是内部伤害的迹象。如果伤员意识清楚，

可以尝试让他们采取半坐姿势，以减轻呼吸困难（如果这样做不会导致其他伤害）。确保不要对胸部施加压力，避免加重伤害。如果怀疑颈部或脊柱受伤，需固定颈部和脊柱。在必须移动时，尽量减少伤员的移动和疼痛。使用足够的人手平稳地将伤员抬起，小心地放在担架上。确保伤员在担架上稳定，使用毯子或其他柔软物品轻轻支撑其下，特别注意避免对胸部造成额外压力。

3. 腹部受伤伤员搬运

在搬运前，对伤员进行快速仔细地评估以确定伤情的严重性。观察是否有明显的腹部肿胀、出血或伤害迹象。如可能，轻轻覆盖腹部以减少移动中的不适。确保覆盖物不会施加过多压力。如果存在或怀疑有头部、颈部或脊柱损伤，同样需要稳定这些区域。使用足够的人手小心地把伤员平稳地移到担架上。操作时，尽量保持伤员的平躺姿态，避免腹部受到不必要的扭曲或压迫。一旦伤员在担架上，确保他们被适当固定，但注意不要对腹部施加压力。使用适当的固定设备保持伤员稳定而舒适。在抬起和移动担架时要格外小心，尽可能避免任何剧烈或颠簸的动作。确保担架始终保持水平。在搬运过程中，持续监测伤员的意识、呼吸和心率等生命体征。注意标志性的变化可能表明情况恶化。

4. 骨盆受伤伤员搬运

在搬运前，对伤员进行快速评估，以确认伤害情况。注意伤员是否有疼痛的表现，特别是在骨盆区域。转移伤员时，应尽量减少他们的移动，特别是躯干和下肢的移动，以避免加剧骨盆区域的伤害。如果可能且适宜，可使用担架带或其他辅助工具轻微固定骨盆，减少搬运过程中的位移。需注意此措施须由经过培训的人员根据伤情采取，并且不能加剧伤员疼痛或导致新的损伤。

5. 脊柱与脊髓受伤伤员搬运

在采取行动前，由医疗专业人员快速评估伤员的脊柱和脊髓状况，以及检查是否有其他伤害。使用颈圈、脊柱板以及其他固定带确保在搬运过程中脊柱保持稳定。执行"对数滚移"技术，将伤员侧向转移至担架板上，这需要多人协同操作，确保脊柱在转移过程中尽量保持一致的直线状态。确保伤员在担架上被适当地固定，特别注意脊柱和头部的位置和安全。使用固定带和垫子调整以确保伤员不会移动或转动。抬起和移动担架时确保动作平稳，避免任何急促或颠簸的动作，这些都可能对脊柱造成进一步的伤害。在搬运过程中持续监测伤员的生命体征，包括呼吸、心率和意识状态。观察有无症状恶化的迹象。

第五节 中暑急救

中暑是指在高温环境下，身体长时间暴露于高温和高湿度环境中，导致体温调节功能失调而引起的一系列症状。这些症状可能包括体温升高、头晕、头痛、恶心、呕吐、心跳加快、皮肤干燥等。严重的情况下，中暑可能导致神志不清、抽搐、昏迷甚至死亡。

一、预防中暑措施

（一）开展防暑健康教育及计划

暑热夏季制定防暑降温计划。针对从业人员开展预防中暑宣传教育，避免穿紧身、深色、不透气衣服，提高自我防护能力。身边可备十滴水、人丹、藿香正气丸、风油精等防暑降温药品。

（二）科学住宿、合理安排作息时间

施工单位要营造清洁、凉爽、透风的住宿环境。保证充分休息睡眠，调整劳动强度，合理安排劳动和休息时间，劳逸结合，避免在直射阳光下工作。

（三）补充水盐、能量

工作前喝足水，饮水以少量多次为宜，切勿暴饮，全日需水量根据气温和劳动强度确定。增加高营养、高能量食物和新鲜蔬菜的供给量，可备绿豆汤、凉茶水、含盐饮料等防暑物资，从而提高从业人员的身体素质，增强防暑、抗热能力。

二、中暑治疗与恢复

中暑类型和病因不同，但基本治疗措施相同。快速有效降温是最关键的救治措施，首选以蒸发、对流和传导为原理的降温方法。

（一）脱离高温环境

发现中暑伤员，应立即使伤员脱离高温环境，迅速将伤员移送至阴凉通风处或带有空调的房间或救护车，使伤员平卧并去除全身衣物。

（二）降温

1. 蒸发降温

用凉水喷洒或向皮肤喷洒水雾同时配合持续扇风可以实现有效降温。水温在15～30℃配合以45℃热空气扇风，维持皮肤温度在30～33℃以防止血管收缩，从而达到最大降温效果。若条件有限，也可用薄纱布尽可能多地覆盖伤员皮肤，间断向纱布

喷洒室温水，保持皮肤温度在30～33℃，同时持续扇风；用湿毛巾或稀释的酒精擦拭全身，并持续扇风。在大多数情况下，蒸发降温可能是现场最容易实现的方法。

2. 冷水浸泡

这种方法主要应用于劳力性热射病伤员。利用传导降温的原理，用大型容器（如浴桶、油布、水池）将伤员颈部以下浸泡在冷水中，若无冷水条件可用室温水浸泡，这是现场最高效的降温方式之一。浸泡时应确保伤员头颈部高于水面，防止误吸和溺水。

3. 冰敷降温

利用传导降温的原理，使伤员头戴冰帽或头枕冰枕；或将纱布包裹好的冰袋置于颈部、腹股沟（注意保护阴囊）、腋下等部位进行降温。

4. 体内降温

用4～10℃生理盐水200～500mL进行胃灌洗或直肠灌洗，灌肠时注意速度不宜过快。快速静脉输注4℃的冷盐水也可实现有效降温，尤其适用于存在脱水的劳力性热射病伤员，常作为综合治疗的一部分。降温同时应注意监测核心温度，使其不低于38.5℃。若现场无冷盐水可供，可使用室温生理盐水。

5. 药物降温

由于热射病发病早期多存在体温调节中枢功能障碍，因此，在现场救治中不建议使用药物降温，包括非甾体类药物及人工冬眠合剂。

第六节　化学气体中毒急救

建筑行业施工现场的化学气体主要涉及苯、甲苯、二甲苯、环氧树脂、一氧化碳、氧化碳、硫化氢等。化学气体特有的毒性及理化性质，导致其突然性强、防护困难、扩散迅速、受害范围广、环境污染严重和洗消困难。当出现化学气体中毒时，需建立有效的防控措施以防止化学气体的扩散。

一、现场评估

化学气体检测是现场评估的重要环节。通过对扩散区域内的化学气体种类及其浓度进行定性及扩散区域定量检测，为现场救援指挥决策提供依据。情况紧急时，以定性查明危险物的品种为主；在判定救援方式时，则要重视化学气体浓度及其分布的定量分析结果，以获得更可靠和完善的处置措施。

（一）判定化学气体的种类

对于化学气体中毒，首要目标是确定化学气体种类，进而根据化学气体的物化性质采取科学处置措施，以避免事态恶化。可通过询问知情人初步判断相应种类，也可根据危险化学品的包装、标签、安全技术说明书等进行初步判断，或通过化学气体的气味、颜色等物理性质进行初步判定，进而向安全作业人员传递安全信息等警示资料。

（二）判定化学气体的浓度及其分布

在初步判定化学气体种类后。准确、迅速测定现场化学气体浓度及其分布，需通过便携式气体检测仪或气体检测管进行检测，可从化学气体危险源的下风处迎风行进，也可从气体的侧风方向斜穿平行行进，或通过任务分区环绕行进，标志其危险边界。

（三）监视化学气体分布边界的变化

由于现场化学气体瞬间浓度会随气体的扩散而发生变化，因此，在获得化学气体危险边界后应监视危险边界的变化，以监控危害气体的动态变化，根据变化情况重新标出并调整化学气体危险区域的大小，为警戒范围的调整及救援工作的开展提供科学依据。

二、通风措施

化学气体挥发、扩散速度快，当化学气体中毒事故发生后，应加强危险区域全面通风或局部通风，用新鲜空气实现化学气体危险区的有害气体浓度稀释。

三、人员疏散

（一）做好防护再撤离

撤离前或在撤离过程中，应戴好防毒面罩或用湿毛巾捂住口鼻，同时穿好防毒衣或雨衣（风衣）。随后，救援人员再迅速组织和指导其撤离现场的危险区域。

（二）判定疏散方向

现场组织撤离的人员应迅速判明风向，就近朝上风或侧风方向撤离。应尽可能利用交通工具将群众向上风向做快速转移。撤离时，应选择安全的撤离路线，避免横穿毒源中心区域或危险地带。

（三）抢救式撤离重点人群

在事故现场特别是有大批伤病员的情况下，现场救援人员应重点搜寻和帮助危重伤员和老、弱、幼、妇等撤离，要实行分工合作，做到任务到人，职责明确，团结协作。对于呼吸心脏骤停的中毒伤员应立即将其运送安全区域，就地实施人工心肺复苏，并通知其他医务人员前来抢救，或者边做人工心肺复苏，边就近转送医院。

（四）对被污染的撤出群众应及时进行消毒

在现场安全区域集中设置洗消站，采用脱除污染的衣物、用流动清水冲洗皮肤等方法，及时对被污染的撤出群众进行消毒，防止发生继发伤害。

四、症状观察

肌体与有毒化学之间的相互作用是一个复杂的过程，中毒后症状也不一样。毒物对各个系统的作用的主要症状分述如下：

（一）刺激性气体中毒

刺激性气体中毒主要存在三种中毒症状。

1. 化学性（中毒性）呼吸道炎

主要因刺激性气体对呼吸道黏膜的直接刺激损伤作用所引起，水溶性越大的刺激性气体对上呼吸道的损伤作用也越强，其进入深部肺组织的量也相应较少，如氯气、氨气、各种酸雾等。此时的症状有喷嚏、流泪、畏光、咽干、眼痛等，严重时可有血痰及气急、胸闷等症状；高浓度刺激性气体吸入可因喉头水肿而致明显缺氧，有时甚至引起喉头痉挛，导致窒息死亡。较重的化学性呼吸道炎可出现头痛、头晕、乏力等全身症状。

2. 化学性（中毒性）肺炎

主要因刺激性气体进入呼吸道深部对细支气管及肺泡上皮的刺激损伤作用而引起，此时的症状除有上呼吸道刺激症状外，主要表现为较明显的胸闷、胸痛、呼吸急促、痰多，体温有中度升高伴有明显的全身症状如头痛、头晕、乏力等。

3. 化学性（中毒性）肺水肿

吸入高浓度的刺激性气体可在短期内迅速出现严重的肺水肿，但一般情况下，化学性肺水肿多由化学性呼吸道炎和化学性肺炎演进而来，主要症状有呼吸急促、严重胸闷气憋、剧烈咳嗽，并伴有烦躁不安、大汗淋漓等。

（二）窒息性气体中毒

窒息性气体中毒的主要症状有缺氧。轻度缺氧时主要表现为注意力不集中、头痛、头晕、乏力等，缺氧较重时可有耳鸣、呕吐、烦躁、抽搐甚至昏迷。但上述症状往往被不同窒息性气体的独特毒性所干扰或掩盖，因此，不同窒息性气体引起的相近程度的缺氧都有相同的表现。如吸入一氧化碳后可迅速与血红蛋白结合，生成碳氧血红蛋白，阻碍气在血液中的输送。由于碳氧血红蛋白为鲜红色，而使患者皮肤黏膜在中毒后呈樱红色，与一般缺氧有明显不同，全身乏力十分明显，以致中毒后仍然清醒，但行动困难，不能自救，其余症状与一般缺氧相近。高浓度的硫化氢吸入一口后，呼吸立即停止，发生所谓"闪电型"死亡；这是由于硫化氢可在血中形成蓝紫色硫化变性血红蛋白，少量（4%～5%）即能引起紫绀，故硫化氢中毒伤员肤色多呈蓝灰色，呼出气及衣物带有强烈臭鸡蛋气味，呼吸道及肺部可发生化学性炎症甚至肺水肿。

（三）皮肤损害

根据作用机制不同引起皮肤损害的化学物质分为：原发性刺激物、致敏物和光敏感物。常见的原发性刺激物为酸类、碱类、金属盐、溶剂等。常见皮肤致敏物有金属盐类。光敏感物有沥青、焦油、吡啶、蒽等。

（四）眼损害

生产性毒物引起的眼损害分为接触性和中毒性两类。前者是毒物直接作用于眼部所致；后者则是全身中毒在眼部的改变。接触性眼损害主要为酸碱及其他腐蚀性毒物引起的眼灼伤。眼部的化学灼伤重者可造成终生失明，必须及时救治。引起中毒性眼损害最典型的毒物为甲醇和三硝基甲苯。甲醇急性中毒的眼部表现有视觉模糊、眼球压痛、畏光、视力减退、视野缩小等，严重中毒时有复视、双目失明。慢性三硝基甲苯中毒的主要临床表现之一是中毒性白内障，即眼晶状体发生混浊，混浊一旦出现，停止接触不会消退晶状体，全部混浊时可导致失明。

五、急救措施

对急性中毒的处理原则是：尽快中止毒物的继续侵害；排除体内未吸收的毒物；促进毒物排泄，选用有效解毒药物；对症治疗，尤其是迅速建立并加强生命支持治疗。

（一）刺激性气体中毒救治

（1）迅速将伤员脱离事故现场，移到上风向空气新鲜处。保持呼吸道通畅，防止梗阻，并注意保温，吸入氧气，以稀释吸入的毒气，促使毒气排出。

（2）密切观察患者意识、瞳孔、血压、呼吸、脉搏等生命体征，发现异常立即处理。对无心跳呼吸者采取人工呼吸和心肺复苏。

（3）改善症状，如剧咳者可使用祛痰止咳剂，躁动不安者可给予安定镇静剂，如安定、非那根等；支气管痉挛可用异丙基肾上腺素气雾剂吸入或氨茶碱静脉注射。

（4）适度给氧，多用鼻塞或面罩，进入肺部的氧含量应小于55%，慎用机械正压给氧，以免诱发气道坏死组织堵塞、气胸等。

（5）可采用钙通道阻滞剂在亚细胞水平上切断肺水肿的发生环节。

（二）窒息性气体中毒救治

（1）中断毒物继续侵入迅速将伤员脱离危险现场，清除衣物及皮肤污染物。

（2）采取解毒措施，通过利尿、络合剂、服用特效解毒剂等，降低、减少或消除毒气的毒害作用。有的气体没有特效解毒剂，如一氧化碳，其中毒后可给高浓度氧吸入以加速碳氧血红蛋白解离，也可看作解毒措施。

（三）皮肤污染物中毒救治

对于皮肤污染物中毒的患者，救治者应迅速脱去污染的衣着，用大量的流动清水如淋浴、水管彻底冲洗污染皮肤以稀释或清除毒物，必要时可反复冲洗，阻止毒物继续损伤皮肤或经皮肤吸收；冲洗液忌用热水，不强调用中和剂，切勿因等待配制中和剂而错过救治时机。

（四）眼部污染物中毒救治

眼部接触具有刺激性、腐蚀性的气态、液态、固态化学物，应立即用流动水或生理盐水冲洗，至少10min，这是减少组织受损最重要的措施，也可将面部浸入面盆清水内，拉开眼睑，摆动头部，以达到清除作用。

思考题

1. 建筑施工现场哪些情况需要进行心肺复苏？

2. 建筑施工现场出现施工人员出血与骨折并发时，应首先处理哪种症状？

3. 建筑施工现场不同类型伤员应如何选择相应的搬运措施？

4. 建筑施工现场的有害化学气体如何控制其广泛扩散？

第四部分
建筑施工行业职业健康与应急管理要求

第九章 从业人员日常健康倡导与急救常识

导学

　　本章主要讲述建筑施工行业从业人员的日常健康引导以及急救常识。目的在于帮助其保持身心健康，提升施工过程中的安全意识，并培养应对突发意外事件的能力。通过本章的学习，建筑施工行业从业人员可增强自身的健康与安全意识，预防事故发生，有效应对突发意外事件。

第一节　工作场所卫生及个人劳动防护要求

一、工作场所卫生环境

　　确保施工现场的安全卫生至关重要。这直接关系到从业人员的身心健康、工作效率以及工程项目的顺利进行。维护整洁有序的环境、定期清洁消毒、合理材料堆放和设置安全标志，有助于提升从业人员工作效率，预防事故和疾病，从而保障工程项目的连续性和稳定性。总的来说，工作场所环境卫生包括以下方面：

　　（一）规范化的工作场景

　　施工现场的从业人员分为不同工种，分工明确、各司其职，共同构成庞大而有序的工程体系。有的从业人员负责搬运材料，他们肩扛手提，将沉重的建筑材料准确无误地运送到指定位置；有的从业人员则熟练操作着各种机械设备，如起重机、挖掘机等，这些庞然大物在他们的掌控下变得灵活自如；有的从业人员专注于建筑

图9-1　施工人员工作场所

工作本身，他们或是砌砖，或是浇筑混凝土，将图纸上的图案转变为现实中的建筑。尽管工种不同，但他们都统一着装，佩戴安全帽，严格遵守着施工现场的安全规范，形成了规范化的工作场景，如图9-1所示。

（二）设备和材料堆放

工地上散落的设备、工具和材料（如钢筋、水泥、砖块、管道等）应整齐地堆放在指定的区域，以便工人们使用，如图9-2所示。

图9-2　施工现场设备和材料堆放

（三）清洁和维护

尽管施工现场会有一些尘土和杂物，但通常会有专门的清洁工人负责定期清理工地。他们清扫地面，清理垃圾，并确保施工现场的基本卫生状况。

（四）卫生设施

施工现场通常会设置临时的卫生设施，包括厕所、洗手间和饮用水设施，以满足从业人员的基本生活需求。一般来说，这些设施都需要定时的清洁与消毒，以保障从业人员的身体健康与生命安全。

（五）安全标志和警示牌

工地上会设置清晰的安全标志和警示牌，指示从业人员注意危险区域和安全注意事项。这些标志会以醒目的颜色和文字提示，如图9-3所示。

（六）施工现场从业人员宿舍

施工现场从业人员宿舍是一处临时搭建的居住区域，通常由板房或集装箱构成，内设有基本的生活设施如床铺、桌椅和衣柜，配备共享空间如厨房和卫生间。从业人员负责保持卫生，及时清理垃圾，确保其在疲惫的工作后能够享受到相对舒适和安全的休息环境，如图9-4所示。

图9-3 安全标志和警示牌　　　　图9-4 施工现场从业人员宿舍

（七）工地食堂卫生

食堂为改建或临时搭建，应制定卫生管理制度。食堂工作人员应具备健康证，穿着统一工作服。较大的食堂应申办卫生许可证，配有冰柜、消毒柜，主副食品、调料分层上架摆放，生熟分开，有餐具消毒用品，有防鼠措施，如图9-5所示。

图9-5 工地食堂

（八）临时休息区

为了让从业人员能够在工作间隙得到充分的休息，通常会设置临时的休息区，提供座椅、遮阳棚和饮用水等设施。流动施工企业工地的生活卫生状况存在或多或少的问题。生活居住环境的频繁改变，容易导致身体不适，"水土不服"，诱发疾病，因此，必须重视卫生工作，其注意要点如图9-6所示。

（1）在建点安摊之前，选择适宜的居住场所，达到《建设工程施工现场环境与卫生标准》JGJ 146—2013的要求。

（2）各级工程主管部门应高度重视卫生工作，建立卫生管理机制，明确责任，分工负责，进行日常卫生监督，并投入必要的财力，改善生活卫生设施。

（3）及时了解施工沿线传染病、地方病疫情，有针对性地开展预防工作，对从业人员进行健康教育，帮助他们增强自我防护意识，养成良好生活卫生习惯，建立疫情报告制度，杜绝传染病流行蔓延。

（4）注重食品营养与卫生。炊事员体检培训后上岗。食堂配齐必备的卫生设施，从食物采购、贮存、加工、出售等各个环节保障食品卫生安全。在野外施工时，禁止食用野生动植物，防止食物中毒发生。

（5）注重选择水源。要检测水质状况，水质较差的水源要净化、消毒或更换水源，水质较好的也要防止污染。对于以水井为水源的工点，应尽量采用封闭式水井。大口井应有井台、井栏并加盖，与周围污染环境保持一定距离，防止家禽、水禽通过排泄物污染水源，必要时，对饮水进行日常消毒。

（6）卫生监督机构要加强施工现场的卫生监督，指导施工单位的卫生管理，以保障施工人员的身心健康，预防疾病及中毒事件的发生。

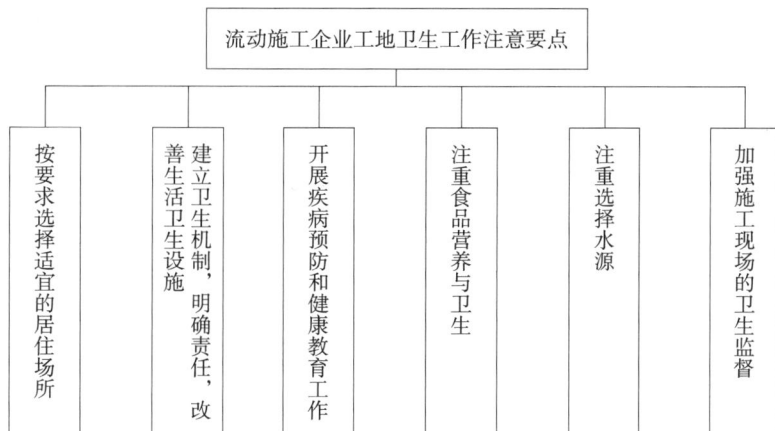

图9-6 流动施工企业工地卫生工作注意要点

二、个人劳动防护措施

（一）工作适应性检查

在作业前，从业人员应进行工作适应性检查，确保进行具体施工任务之前，能适应工作环境和任务要求。这旨在保障从业人员健康，提高工作效率，确保施工质量。对于有一定年龄和健康问题的从业人员，应根据情况进行合理调整或重新分配工作任务，以避免因工作引发的身体问题。

首先，从业人员需要仔细检查自己的健康状况，包括体力和精神状态，确保没有患有需要特殊注意的疾病或症状。其次，熟悉施工环境，包括温度、湿度、噪声水平、振动等因素，以及可能的危险因素如粉尘、化学品等。此外，了解具体的施工任务要求，

建筑施工行业从业人员健康管理与医疗急救

包括操作特定的机械设备、使用工具、执行特定的工艺流程等，确保具备完成任务所需的技能和知识。

在施工现场之前，从业人员还需要了解并遵守施工现场的安全规定和措施，包括个人防护装备的使用、紧急情况的处理程序、施工区域的限制等。通过进行适应性检查，从业人员可以在开始施工作业之前，确保自己对工作环境和任务要求有清晰的认识，并能够安全有效地进行工作。

（二）个人防护用品

从业人员必须随身携带并正确使用个人防护用品，保护自己免受伤害。常见的个人防护用品包括安全帽、安全鞋、耳塞或耳罩、眼镜或面屏、口罩和手套等。根据不同的施工任务和环境条件，从业人员应选择和使用适当的个人防护用品，如表9-1所示。

（1）头部防护：佩戴安全帽，保护头部免受坠落物、碰撞和其他伤害。

（2）眼部防护：佩戴护目镜或面罩，防止受到尘埃、飞溅物和化学品的伤害。

（3）呼吸道防护：佩戴口罩或呼吸防护器，防止吸入粉尘、有毒气体等。

（4）听觉保护：使用耳塞或耳罩，降低噪声对听力的损害。

（5）手部防护：佩戴手套，以防止手部受到切割、损伤及化学品腐蚀的危害。

（6）足部防护：穿戴防滑、防刺穿的安全鞋，保护脚部免受重物压迫、尖锐物体和坚硬表面的伤害。

（7）身体防护：穿戴符合要求的工作服和防护服，保护身体免受热、寒、火焰、化学品等危险因素的伤害。

（8）坠落防护：使用安全带和安全绳索等防坠落装置，防止出现高处坠落。

（9）电气防护：接触电气设备和线路时，佩戴绝缘手套和绝缘靴，防止电击和电弧伤害。

表9-1　配备个人防护用品具体项目表

作业活动	配备安全防护用品或预防措施
砂浆搅拌	防尘口罩
抹灰	高处作业佩戴安全带、防尘口罩
金属门窗	高处作业佩戴安全带，防尘口罩、耳塞
油漆	防毒口罩、防护手套、防护服、防护眼镜
脚手架搭设与拆除	安全带、防滑鞋、防护手套、安全帽
电焊	防护服、绝缘手套、绝缘鞋、电焊面罩、有色眼镜、防尘口罩

续表

作业活动	配备安全防护用品或预防措施
机械设备安装	高处作业佩戴安全带、耳塞
电气设备安装	高处作业佩戴安全带、耳塞
管道	防尘口罩、耳塞
卷扬机操作	绝缘手套、绝缘鞋、耳塞
平地机操作	绝缘手套、绝缘鞋、防尘口罩、耳塞
木工	防尘口罩、防护眼镜、耳塞、防尘口罩
大理石打磨	防尘口罩、防护眼镜
石灰石搅拌	防尘口罩、防护眼镜
环氧树脂地坪	防毒口罩、防护服、防护眼镜
防水作业	防毒口罩、胶皮手套、防护眼镜、工作服、胶鞋
室内装修	防毒口罩、防护服、防护眼镜
外加剂、油漆、胶水等	防毒口罩、防护手套、防护服、防护眼镜
泵车、手持电动工具（电镐、电锤、角磨机等）	绝缘手套、绝缘鞋、耳塞

（三）危险识别

从业人员应具备识别施工现场可能存在的各种危险的能力，并根据需要采取相应措施。施工现场应设置相应的安全标志和警告标志，明确指示危险区域和安全注意事项，提醒从业人员遵守相应的安全操作规程。

（四）遵守安全操作规程并接受培训

从业人员应严格遵守施工现场的安全操作规程，并接受安全培训。安全操作规程包括使用设备和工具的方法、危险物品的处理方式、急救措施等。安全培训的内容则包括帮助从业人员了解施工安全事项，学习正确的应对和处置方法。

（五）紧急救援和逃生演练

施工现场应设置相应的紧急救援设备和逃生通道，并定期进行紧急救援和逃生演练。从业人员应熟悉施工现场的紧急救援设施及其使用方法，了解逃生通道的位置和逃生路线，以便在紧急情况下能够及时有序地撤离现场。

（六）定期健康体检

从业人员应定期进行健康体检，及时发现和处理潜在的健康问题。健康体检可以帮助施工人员了解自身的身体状况，采取相应的措施预防和治疗可能的职业病和工伤。

第二节 常见的危险源及识别

一、危险源基本概念

危险源是指可能导致伤害或疾病、财产损失、工作环境破坏或这些情况组合的根源。危险源在特定的触发因素作用下可转化为事故发生的区域、场所、空间、岗位、设备等。其实质是具有潜在危险的源点或部位，是爆发事故的源头，是能量、危险物质集中的核心。对于存在事故隐患的危险源一定要及时加以整改，否则随时可能导致事故。危险源由三个要素构成：潜在危险性、存在条件和触发因素。

（1）危险源的潜在危险性是指一旦触发事故，可能带来的危害和损失程度。

（2）危险源的存在条件是指危险源所处的物理、化学状态和约束条件状态。例如，物质的压力、温度、化学稳定性，盛装压力容器的坚固性，周围环境障碍物等情况。

（3）触发因素虽然不属于危险源的固有属性，但它是危险源转化为事故的外因，而且每一类型的危险源都有相应的敏感触发因素。如易燃、易爆物质（热能是其敏感的触发因素），压力容器（压力升高是其敏感触发因素）等。因此，一定的危险源总是与相应的触发因素相关联。

建筑施工行业的危险源主要分为两类：第一类危险源是施工生活用危险化学品及压力容器；第二类危险源是人的不安全行为、料机工艺的不安全状态和不良环境条件。建筑施工行业大部分危险和有害因素都来自第二类危险源，按场所不同可分为施工现场重大危险源与临建设施重大危险源两类危险源。

（一）施工现场重大危险源

1. 人的重大危险源

人的重大危险源主要来源于人的不安全行为即"三违"。在施工现场经验不丰富、技能和素质处于较低水平的从业人员，容易出现违章指挥、违章作业、违反劳动纪律的情况。

2. 分部、分项工艺过程、施工机械运行过程和物料的重大危险源

（1）脚手架、模板和支撑、塔式起重机、物料提升机、施工电梯安装与运行，人工挖孔桩、基坑施工等局部结构工程失稳，极易导致机械设备倾覆、结构坍塌等意外。

（2）施工高层建筑或高度大于2m的作业面（包括高空、"四口"、"五临边"作业），

因安全防护不到位或安全兜网内积存建筑垃圾、人员未配系安全带等可能造成人员踏空、滑倒等高处坠落摔伤或坠落物体打击下方人员等意外。

（3）焊接、金属切割、冲击钻孔、凿岩等，漏电、施工电气设备的安全保护（如漏电、绝缘、接地保护、一机一闸）不符合要求等，容易发生人员触电、局部火灾等意外。

（4）工程材料、构件及设备的堆放与频繁吊运、搬运等过程中，发生的堆放散落、高空坠落、撞击人员等意外。

3. 施工自然环境中的重大危险源

（1）人工挖孔桩、隧道掘进、地下市政工程接口、室内装修、挖掘机作业时损坏地下燃气管道等，因通风排气不畅，造成人员窒息或中毒意外。

（2）深基坑、隧道、地铁、竖井、大型管沟的施工，因支护、支撑等设施失稳，导致坍塌。这不但会造成施工场所破坏、人员伤亡，往往还引起地面、周边建筑设施的倾斜、塌陷、坍塌、爆炸与火灾等意外。基坑开挖、人工挖孔桩等施工降水，造成周围建筑物因地基不均匀沉降而倾斜、开裂、倒塌等意外。

（3）海上施工作业由于受自然气象条件如台风、汛、雷电、风暴潮等侵袭，易发生翻船人亡且群死群伤意外。

（二）临建设施重大危险源

（1）厨房与临建宿舍之间的安全距离不符合要求，施工中使用的易燃易爆危险化学品存放或使用不符合要求，且防护措施不到位，可能导致火灾或人员窒息中毒事故；工地饮食因不符合卫生标准，产生集体中毒或传染疾病。

（2）临时简易帐篷搭设不符合安全间距要求，若发生火灾可能会迅速蔓延。

（3）电线私拉乱接，直接与金属结构或钢管接触，易引发触电和火灾等。

（4）在拆除临建设施时，房顶突然坍塌，导致从业人员不慎踩空或者踩虚，从而引发意外。

二、危险源的辨识方法

常用的危险源辨识方法有询问交谈、现场勘查、查阅有关记录、获取外部信息、工作危险源分析（JHA）、安全检查表分析（SCL）、失效模式与影响分析（FMEA）。

1. 询问交谈

这是一种通过与工人、工地管理人员以及其他相关人员进行交谈和沟通来获取信息的方法。通过与现场工作人员直接沟通，可以了解到他们在施工过程中遇到的具体问题、隐患和安全顾虑。这种方法可以促进从业人员的参与和合作，使管理人员更容易了解实际施工现场的情况，从而更好地识别和管理潜在的危险源。

2. 现场勘查

这是一种直接到施工现场进行观察和检查的方法。通过对施工现场的实地勘查，可以直观地发现存在的危险源和安全隐患。勘查人员可以检查设备、工具、材料的使用情况，观察施工环境的布局和条件，以及检查现场的安全设施和措施是否符合要求。

3. 查阅有关记录

这是一种通过查阅施工计划、工程图纸、施工方案、安全标准和相关文件记录等来获取信息的方法。这些记录包括施工项目的规划和设计文件，以及之前类似施工项目的经验总结和教训。通过仔细阅读和分析这些记录，可以了解到可能存在的危险源和安全风险，从而有针对性地制定安全措施和应对策略。

4. 获取外部信息

这是一种通过调查研究、咨询专家、参考行业标准和法律法规等外部信息来源来获取信息的方法。施工单位可以通过咨询安全专家、与行业协会和相关部门合作，获取关于施工安全管理的最新信息和建议。

5. 工作危险源分析（JHA）

这是一种较细致地分析工作过程中存在危险源的方法，把一项工作活动分解成几个步骤，识别每一步骤中的危险源和可能的事故，设法消除危险源。

分析步骤：

（1）把正常的工作分解为几个主要步骤，即首先做什么、其次做什么等，并用3～4个词简要说明步骤。

（2）对于每一步骤要问可能发生什么事故，给自己提出问题，比如从业人员会被什么东西打着、碰着；他会撞着、碰着什么东西；从业人员会跌倒吗；有无危险源，如毒气、辐射、焊光、酸雾等。

（3）识别每一步骤的主要危险源后果。

（4）识别现有安全控制措施。

（5）进行风险评价。

（6）建立安全工作步骤。

基于JHA的模板安装风险辨识示例如表9-2所示。

表9-2 模板安装作业危害分析表

序号	作业活动	作业步骤	危险源或潜在事件	事故类型	现有控制措施				应急处置措施
					工程技术措施	管理措施	培训教育措施	个体防护措施	
1	模板吊运	模板捆绑	模板码放不整齐，捆绑不牢	物体打击	模板吊运必须码放整齐，待捆绑牢固后方可起吊		安全教育		
2		模板起吊	吊运用钢丝起刷断裂	物体打击	钢丝绳应符合《起重机 钢丝绳 保养、维护、安装、检验和报废》GB/T 5972—2023的标准要求	设置专人对钢丝绳进行定期检查			
3			模板离地1m以上时作业人员靠近	物体打击	吊运离地1m以上作业人员不得靠近			正确佩戴安全帽	
4			超荷载吊运模板	物体打击	塔式起重机力矩限位器应灵敏有效	设备管理人员进行检查，严格遵守"十不吊"			
5			吊运时吊点不足	物体打击	吊运大块或整体模板时，竖向吊运不应少于2个吊点，水平吊运不应少于4个吊点		安全教育		
6			夜间吊运照明不足	物体打击	夜间吊运设置足够的照明灯具	夜间吊运作业前对现场照明灯具进行检查			
7			恶劣天气进行模板吊装作业	物体打击	恶劣天气不得从事露天起重作业	由项目专职安全员进行监督检查			立即停止作业
8	模板安装	模板安放	模板就位后未连接牢固即摘除卡环	物体打击	卡环摘除应在模板就位并连接牢固后进行		安全教育		
9		墙柱模板安装	模板安装高度超过3m时，未搭设脚手架	高处坠落	模板安装高度超过3m时，必须搭设脚手架	由项目专职安全员进行不定期巡检		作业人员系安全带	
10			拼装高度2m以上的竖向模板未采取临时固定设施	物体打击	拼装高度2m以上的竖向模板安装过程中应设置临时固定设施	对临时固定设施进行检查			
11		梁板模板安装	跨度大于4m时模板未起拱	坍塌	跨度大于4m时模板应起拱，无具体要求时，起拱高度宜为全跨长度的1/1000～3/1000	由项目技术负责人或技术员对起拱进行检查			
12			吊运支架未采取防倾覆的临时固定措施	坍塌	模板支架必须设置牢固的水平杆、且不得与门窗等临时构件连接	对模板支架临时固定情况进行检查			
13			模板梁支点不足	高处坠落、坍塌	模板横梁应至少搁置2个支点上	由项目专职安全员进行不定期巡检			

6. 安全检查表分析（SCL）

安全检查表以分析人员的经验为基础，通过列出项目，识别与一般工艺设备和操作有关的已知类型的危险源、设计缺陷以及事故隐患。安全检查表分析可用于对物质、设备或操作规程进行分析，具体分析步骤如下：

（1）建立安全检查表，分析人员从有关渠道（如内部标准、规范、作业指南）选择合适的安全检查表。若无法获取安全检查表，分析人员必须运用自己的经验和参考资料制定检查表。以塔式起重机安全检查为例，如表9-3所示。

表9-3　塔式起重机安全检查表

检查项目	检查内容	检查结果
金属结构及配件	部件、附件是否齐全无缺损，各连接螺栓连接是否牢固	
	螺栓、销轴等连接件是否有裂纹、变形、锈蚀严重等现象	
	主要受力构件是否有塑性变形和裂纹	
	金属结构的连接焊缝是否有明显可见的焊接缺陷，结构是否有变形、疲劳裂纹	
	爬梯、平台、走道是否无变形、脱焊、锈蚀严重等现象且符合规范要求	
安全装置	力矩、重量限制器是否齐全完好	
	起升、变幅、回转、大车行走等行程限位装置是否齐全完好	
	所有滑轮防脱槽装置、卷筒上防钢丝绳脱出装置是否齐全完好	
	变幅钢丝绳防断绳装置、小车防断轴装置是否齐全完好	
	吊钩防钢丝绳脱钩的保险装置是否齐全完好	
	起重臂上是否设置了前后止挡，各缓冲装置是否齐全完好	
	起重机上外露的有伤人可能的活动零部件是否装设了防护罩，电气设备是否装设了防雨罩	
绳轮系统	钢丝绳是否无扭结、压扁、弯折、断股、笼状畸变、断芯等变形现象，钢丝绳直径减小量是否不大于公称直径的7%，断丝数是否符合规范要求	
	滑轮是否转动良好、无裂纹、无轮缘破损等损伤钢丝绳的缺陷	
	轮槽壁厚、轮槽底部磨损是否超过规范要求	
工作机构	各机构是否固定牢固，无缺件，各部件性能是否符合规范要求	
	各机构刹车装置是否无缺件，制动器调整是否适宜，制动是否平稳可靠，制动轮、刹车片是否符合规范要求	
	卷筒壁是否有裂纹或过度磨损	

续表

检查项目	检查内容	检查结果
电气系统	电缆是否符合塔式起重机使用要求，是否无破损、老化等现象	
	仪表、照明、报警系统是否完好、可靠	
	控制、操纵装置是否动作灵活、可靠	
	电气各种安全保护装置是否齐全、可靠	
	电气系统对塔式起重机金属部分的绝缘电阻是否不小于0.5MΩ	
	碳刷、接触器、继电器触点是否良好	
吊钩	吊钩是否无裂纹、剥裂等缺陷（不得焊补，不允许使用铸造吊钩）	
	吊钩危险断面磨损量、开口度增加量是否符合规范要求	
备注	检查结果：正常√，异常×	

（2）分析者根据现场观察、阅读系统文件、与操作人员交谈以及个人的理解，回答安全检查表所列的问题，若发现系统的设计和操作等各个方面与标准、规定不符的地方，记录下差异。

（3）分析差异（危险源），提出改正措施建议。

7. 失效模式与影响分析（FMEA）

失效模式与影响分析是指识别装置或过程内单个设备或单个系统（泵、阀门、液位计、换热器）的失效模式以及每个失效模式的可能后果。失效模式描述故障是如何发生的（打开、关闭、开、关、损坏、泄漏等），失效模式的影响是由设备故障对系统的应答决定的，具体分析步骤如下：

（1）确定FMEA的分析项目、边界条件（包括确定装置和系统的分析主题、其他过程和公共/支持系统的界面）。

（2）标志设备：设备的标志符是唯一的，它与设备图纸、过程或位置有关。

（3）说明设备：包括设备的型号、位置、操作要求以及影响失效模式和后果特征（如高温、高压、腐蚀）。

（4）分析失效模式：考虑如果改变设备的正常操作条件后所有可能导致的故障情况。

（5）说明对发现的每个失效模式本身所在设备的直接后果和对其他设备可能产生的后果，以及现有安全控制措施。

（6）进行风险评价并建议控制措施。

三、危险源辨识内容

（一）按危险源属性不同辨识

1. 依据《生产过程危险和有害因素分类与代码》GB/T 13861—2022进行辨识

（1）人的因素

人的因素包括心理、生理性危险和有害因素以及行为性危险和有害因素2类，具体内容如图9-7所示。

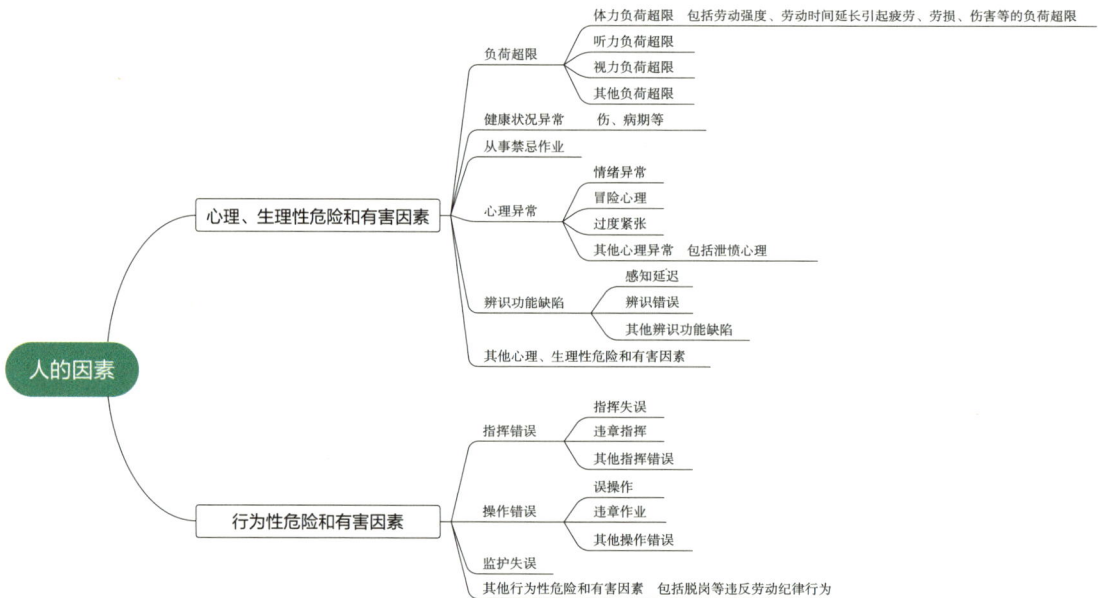

图9-7　人的因素

（2）物的因素

物的因素共分为3类：物理性危险和有害因素（图9-8）、化学性危险和有害因素（图9-9）以及生物性危险和有害因素（图9-10）。

（3）环境因素

环境因素包括室内、室外、地上、地下（如隧道、矿井）、水上、水下等作业（施工）环境，具体如图9-11所示。

（4）管理因素

管理因素是指机构和人员、制度及制度落实情况，具体如图9-12所示。

物的因素 —— 物理性危险和有害因素

- 设备、设施、工具、附件缺陷
  - 强度不够
  - 刚度不够
  - 稳定性差　抗倾覆、抗位移能力不够、抗剪能力不够。包括重心过高、底座不稳定、支承不正确、坝体不稳定等
  - 密封不良　密封件、密封介质、设备辅件、加工精度、装配工艺等缺陷以及磨损、变形、气蚀等造成的密封不良
  - 耐腐蚀性差
  - 应力集中
  - 外形缺陷　设备、设施表面的尖角利棱和不应有的凹凸部分等
  - 外露运动件　人员易触及的运动件
  - 操纵器缺陷　结构、尺寸、形状、位置，操纵力不合理及操纵杆失灵、损坏等
  - 制动器缺陷
  - 控制器缺陷
  - 设计缺陷
  - 传感器缺陷　精度不够，灵敏度过高或过低
  - 设备、设施、工具附件其他缺陷

- 防护缺陷
  - 无防护
  - 防护装置、设施缺陷　防护装置、设施本身安全性、可靠性差，包括防护装置、设施、防护用品损坏、失效、失灵等
  - 防护不当　防护装置、设施和防护用品不符合要求、使用不当。不包括防护距离不够
  - 支撑（支护）不当　包括矿井、建筑施工支护不符合要求
  - 防护距离不够　设备布置、机械、电气、防火、防爆灯安全距离不够和卫生防护距离不够等
  - 其他防护缺陷

- 电危害
  - 带电部位裸露　人员易触及的裸露带电部位
  - 漏电
  - 静电和杂散电流
  - 电火花
  - 电弧
  - 短路
  - 其他电危害

- 噪声
  - 机械性噪声
  - 电磁性噪声
  - 流体动力性噪声
  - 其他噪声

- 振动危害
  - 机械性振动
  - 电磁性振动
  - 流体动力性振动
  - 其他振动危害

- 电离辐射　包括X射线、γ射线、α粒子、β粒子、中子、质子、高能电子束等

- 非电离辐射
  - 紫外辐射
  - 激光辐射
  - 微波辐射
  - 超高频辐射
  - 高频电磁场
  - 工频电场
  - 其他非电离辐射

- 运动物伤害
  - 抛射物
  - 飞溅物
  - 坠落物
  - 反弹物
  - 土、岩滑动　包括排土场滑坡、尾矿库滑坡、露天采场滑坡
  - 料堆（垛）滑动
  - 气流卷动
  - 撞击
  - 其他运动物危害

- 明火

- 高温物质
  - 高温气体
  - 高温液体
  - 高温固体
  - 其他高温物质

- 低温物质
  - 低温气体
  - 低温液体
  - 低温固体
  - 其他低温物质

- 信号缺陷
  - 无信号设施　应设信号设施处无信号，例如无紧急撤离信号等
  - 信号选用不当
  - 信号位置不当
  - 信号不清　信号量不足，例如响度、亮度、对比度、信号维持时间不够等
  - 信号显示不准　包括信号显示错误、显示滞后或超前等
  - 其他信号缺陷

- 标志标识缺陷
  - 无标志标识
  - 标志标识不清晰
  - 标志标识不规范
  - 标志标识选用不当
  - 标志标识位置缺陷
  - 标志标识设置顺序不规范　例如多个标志牌在一起设置时，应按警告、禁止、指令、提示类型的顺序
  - 其他标志标识缺陷

- 有害光照　包括直射光、反射光、眩光、频闪效应等

- 信息系统缺陷
  - 数据传输能力差　例如是否加密
  - 自供电装置电池寿命过短　例如标准工作时间过短，经常出现监测设备断电
  - 防爆等级缺陷　例如Exib等级较低，不适合在涉及"两重点一重大"环境安装
  - 等级保护缺陷　防护不当导致信息错误、丢失、盗用
  - 通信中断或延迟　光纤或GPRS/NB IOT等传输方式不同导致延迟严重
  - 数据采集缺陷　导致监测数据变化过于频繁或遗漏关键数据
  - 网络环境　保护过低，导致系统被破坏、数据丢失、被盗用等

- 其他物理性危险和有害因素

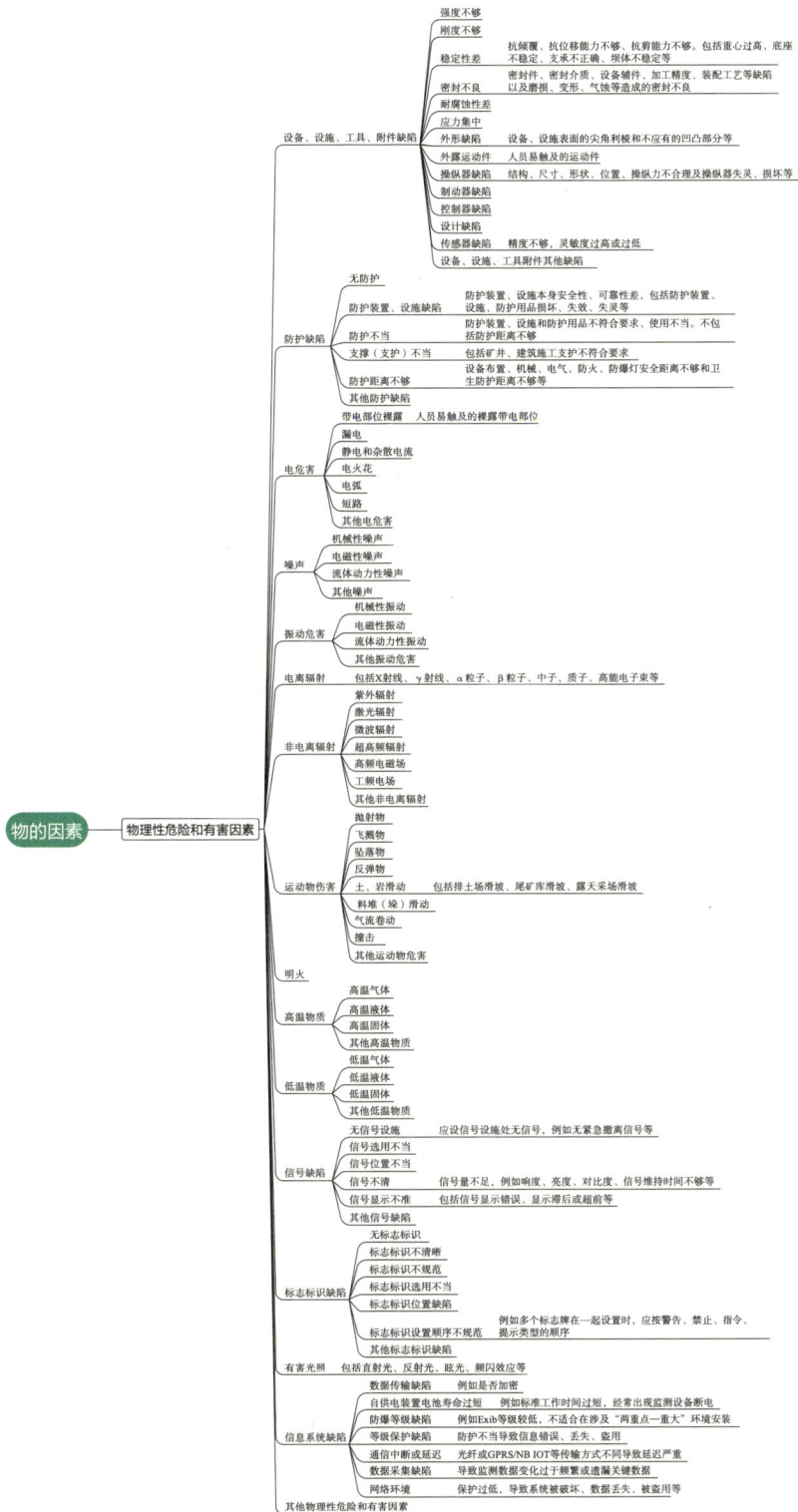

图9-8　物理性危险和有害因素

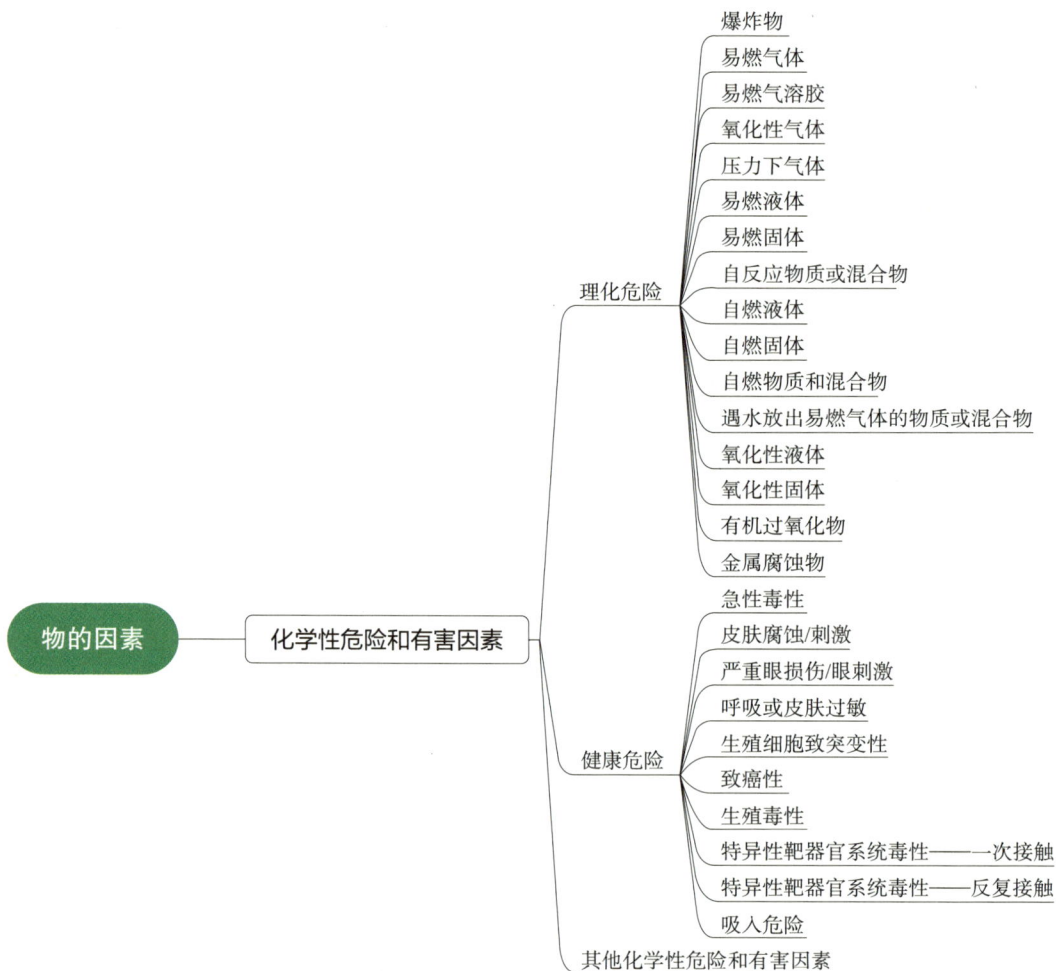

图9-9　化学性危险和有害因素

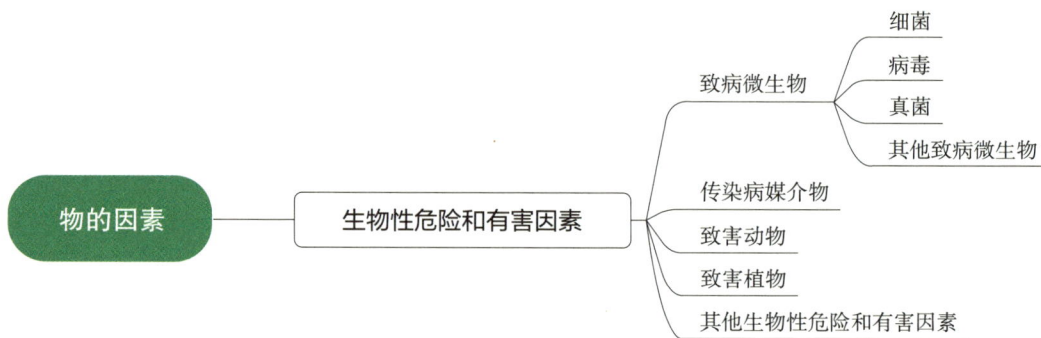

图9-10　生物性危险和有害因素

环境因素

室内作业场所环境不良
- 室内地面滑　　室内地面、通道、楼梯被任何液体、熔融物质润湿，结冰或有其他易滑物等
- 室内作业场所狭窄
- 室内作业场所杂乱
- 室内地面不平
- 室内梯架缺陷　　包括楼梯、阶梯、电动梯和活动梯架，以及这些设施的扶手、扶栏和护栏、护网等
- 地面、墙和天花板上的开口缺陷　　包括电梯井、修车坑、门窗开口、检修孔、孔洞、排水沟等
- 房屋地基下沉
- 室内安全通道缺陷　　包括无安全通道、安全通道狭窄、不畅等
- 房屋安全出口缺陷　　包括无安全出口、设置不合理等
- 采光照明不良　　照度不足或过强、烟尘弥漫影响照明等
- 作业场所空气不良　　自然通风差、无强制通风、风量不足或气流过大、缺氧、有害气体超限等，包括受限空间作业
- 室内温度、湿度、气压不适
- 室内给、排水不良
- 室内涌水
- 其他室内作业场所环境不良

室外作业场地环境不良
- 恶劣气候与环境　　包括风、极端的温度、雷电、大雾、冰雹、暴雨雪、洪水、浪涌、泥石流、地震、海啸等
- 作业场地和交通设施湿滑　　包括铺设好的地面区域、阶梯、通道、道路、小路等被任何液体、熔融物质润湿，冰雪覆盖或有其他易滑物等
- 作业场地狭窄
- 作业场地杂乱
- 作业场地不平　　包括不平坦的地面和路面，有铺设的、未铺设的、草地、小鹅卵石或碎石地面和路面
- 交通环境不良
  - 航道狭窄、有暗礁或险滩
  - 其他道路、水路环境不良
  - 道路急转陡坡、临水临崖
- 脚手架、阶梯和活动梯架缺陷　　包括这些设施的扶手、扶栏和护栏、护网等
- 地面及地面开口缺陷　　包括升降梯井、修车坑、水沟、水渠、路面、排土场、尾矿库等
- 建（构）筑物和其他结构缺陷　　包括建筑中或拆毁中的墙壁、桥梁、建筑物；筒仓、固定式粮仓、固定的槽罐和容器；屋顶、塔楼；排土场、尾矿库等
- 门和周界设施缺陷　　包括大门、栅栏、畜栏、铁丝网、电子围栏等
- 作业场地基础下沉
- 作业场地安全通道缺陷　　包括无安全通道、安全通道狭窄、不畅等
- 作业场地安全出口缺陷　　包括无安全出口、设置不合理等
- 作业场地光照不良　　光照不足或过强、烟尘弥漫影响光照等
- 作业场地空气不良　　自然通风差或气流过大、作业场地缺氧、有害气体超限等，包括受限空间作业
- 作业场地温度、湿度、气压不适
- 作业场地涌水
- 排水系统故障　　例如排土场、尾矿库、隧道等
- 其他室外作业场地环境不良

地下（含水下）作业环境不良
- 隧道/矿井顶板或巷帮缺陷　　例如矿井冒顶
- 隧道/矿井作业面缺陷　　例如矿井片帮
- 隧道/矿井底板缺陷
- 地下作业面空气不良　　包括无风、风速超过规定的最大值或小于规定的最小值、氧气浓度低于规定值、有害气体浓度超限等，包括受限空间作业
- 地下火
- 冲击性地压（岩爆）　　井巷或工作面周围岩体，由于弹性变形能的瞬时释放而产生突然剧烈破坏的动力现象
- 地下水
- 水下作业供氧不当
- 其他地下作业环境不良

其他作业环境不良
- 强迫体位　　生产设备、设施的设计或作业位置不符合人类工效学要求而易引起作业人员疲劳、劳损或事故的一种作业姿势
- 综合性作业环境不良　　显示有两种以上作业环境致害因素且不能分清主次的情况
- 以上未包括的其他作业环境不良

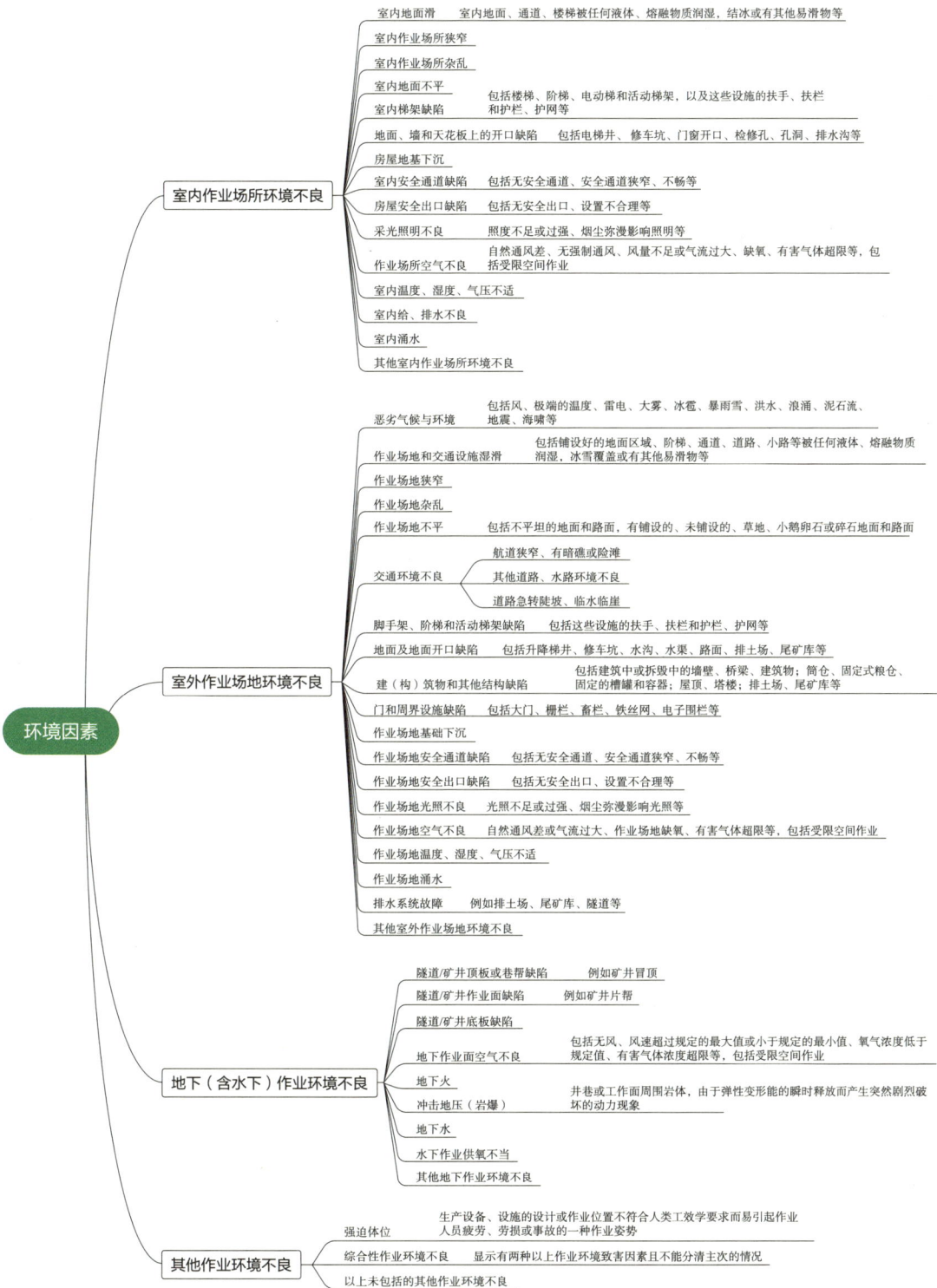

图9-11　环境因素

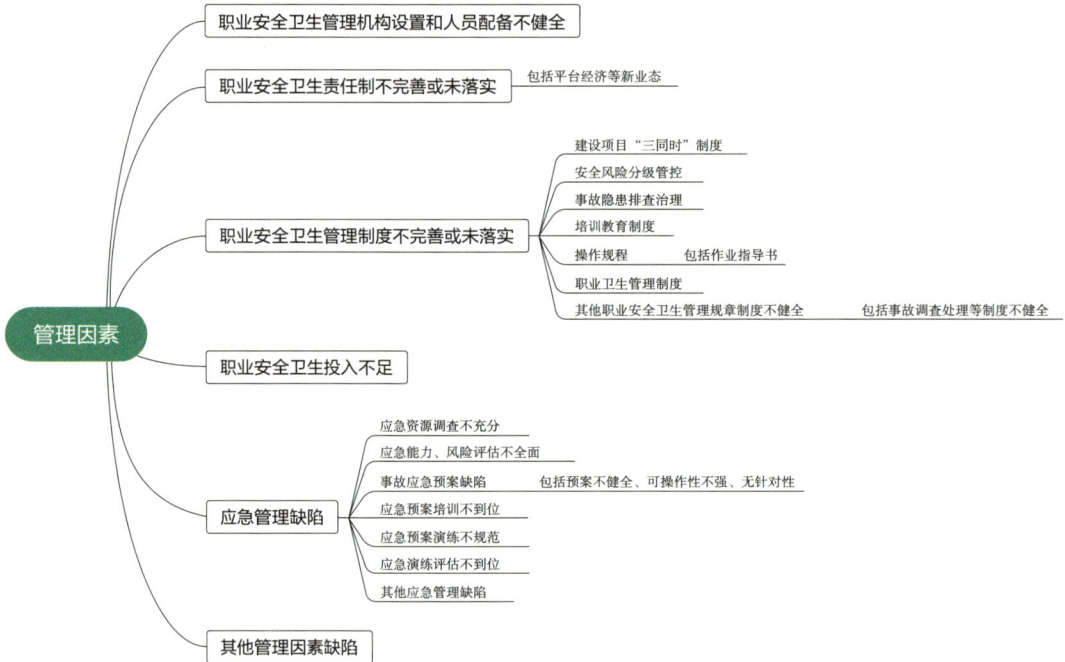

图9-12　管理因素

2．依据《企业职工伤亡事故分类》GB 6441—1986进行辨识

综合考虑起因物、引起事故的诱导性原因、致害物、伤害方式等，可将危险、有害因素分为20类，具体见第六章内容表6-1。

（二）建筑施工行业典型作业场所的危险源

1．洞口坠落（图9-13）危险源

（1）洞口操作不慎，身体失稳。

（2）走动的时候，不小心身落洞口。

（3）在洞口边缘坐躺休息时不慎跌入洞口。

（4）洞口旁边嬉闹打架，不小心坠入洞口。

（5）洞口没有安全防护措施。

（6）安全防护措施不牢、不合格或损坏。

（7）没有醒目警标。

2．脚手架坠落（图9-14）危险源

（1）脚踩探头脚手板。

（2）走动时踩空、绊、跌。

（3）弯腰转身不慎碰到杆件等，导致身体失稳。

图9-13 洞口坠落

图9-14 脚手架坠落

（4）坐在栏杆架子上或站在栏杆、高空架子上作业或在脚手架上休息嬉闹。

（5）脚手板没有满铺或铺设不稳。

（6）没有安装防护栏杆或防护栏杆已经损坏。

（7）操作层下没有铺安全防护层。

（8）脚手架离墙面超过20cm，没有防护措施。

（9）脚手架超载损坏。

（10）在脚手架上用砖垫高或隔脚手板操作。

3. 悬空高处作业坠落（图9-15）危险源

（1）立足面狭小，作业用力过猛，身体失稳，重心超出立足地。

（2）脚底打滑或不慎踩空。

（3）随重物坠落。

（4）身体不舒服行动失稳。

（5）没有系安全带，或没有正确地使用安全带，或在行走时取下。

（6）安全带挂钩不牢固，或没有挂牢。

（7）未设置安全绳和安全兜网。

4. 踩破轻型屋面坠落（图9-16）危险源

（1）没有使用板梯。

（2）从业人员没系安全带。

（3）从业人员在操作或移动时，不慎踩破石棉瓦或其他轻型屋面结构。

图9-15　悬空高处作业坠落　　图9-16　踩破轻型屋面坠落　　图9-17　拆除作业中坠落

5. 拆除作业中坠落（图9-17）危险源

（1）站在不稳定部件上面进行拆除等工作。

（2）拆除脚手架、井架、龙门架等没有系安全带。

（3）拆除井架、龙门架未先拴好临时钢丝网。

（4）人随重物坠落。

（5）操作者用力过猛，身体失稳。

（6）由于楼板架上堆放拆除的材料超载，压断楼板造成坍塌。

6. 从屋面檐口坠落（图9-18）危险源

（1）屋面坡度大于25°，则需实施防滑、防坠落安全措施。

（2）在屋面不慎身体失稳。

（3）身体不适，突然头晕休克，导致从屋面高空坠落。

（4）檐口构件不牢或踩断，人随其坠落。

7. 梯子上作业坠落（图9-19）危险源

（1）使用坏梯子或梯子超载断裂。

（2）梯脚无防滑措施、使用时滑倒或垫高。

（3）梯子没有靠稳或斜度大。

（4）人字架两片间没有用绳或链拉牢。

（5）在梯子上作业方法不当。

（6）人在梯子上移动梯子。

8. 天花板上检修坠落（图9-20）危险源

（1）光线太暗，操作时没有铺脚手板或沿屋架上弦走动时不慎踩空。

（2）由于个人生理或身体的原因，在操作时，不慎坠落。

图9-18　从屋面檐口坠落　　图9-19　梯子上作业坠落　　图9-20　天花板上检修坠落

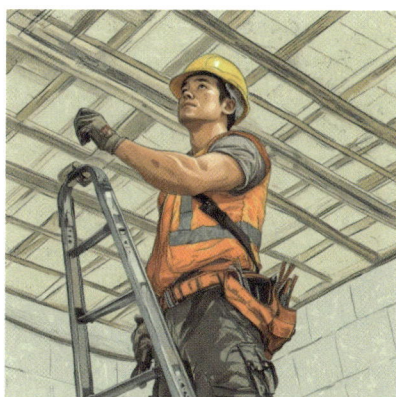

9．平台上坠落（图9-21）危险源

（1）龙门式起重机转料平台口转料平台搭设不符合标准规范；搭设材料钢管、踏脚板不合格，导致平台倒塌，人员坠落。

（2）龙门式起重机转料平台邻边没有任何防护，没有用1.2m高的安全防护栏杆及安全防护网做防护，不小心从龙门式起重机转料平台口邻边坠落。

（3）龙门式起重机转料平台没有照明装置，从业人员在夜间作业时不小心从高空坠落。

（4）龙门式起重机转料平台无安全防护门，或有安全防护门但无扣钩卡，或有防护门及扣钩卡但无人落实，致使从业人员不小心坠落。

（5）从业人员在龙门式起重机转料平台打架或嬉戏，不小心坠落。

10．临边坠落（图9-22）危险源

（1）楼层周边、屋顶面周边、阳台周边、转料平台周边、楼道周边、顶棚及屋面

图9-21　平台上坠落　　　图9-22　临边坠落

造型周边等建筑作业面周边，无防护，没有安设安全防护栏或安设防护栏验收不合格，从业人员不慎高空坠落。

（2）从业人员违章作业，在临边嬉戏或酒后作业不慎坠落。

（3）临边防护栏损坏或被人移走没有及时发现，导致从业人员坠落。

（4）从业人员在临边打架，导致从业人员坠落。

（5）作业难度大，作业困难，防护不到位或有防护但未按规范要求施工，没经过验收，防护不到位不合格，从业人员作业时不慎坠落。

四、安全标志及标牌

（一）禁止标志（表9-4）

表9-4　禁止标志

编号	图形标志	名称	设置范围和地点
1		禁止吸烟	有甲、乙、丙类火灾危险物资的场所和禁止吸烟的公共场所等，如木工车间、油漆车间、沥青车间、纺织厂、印刷厂等
2		禁止烟火	有甲、乙、丙类火灾危险物资的场所，如面粉厂、煤粉厂、焦化厂、施工工地等
3		禁止带火种	有甲类火灾危险物资及其他禁止带火种的各种危险场所，如炼油厂、乙炔站、液化石油气站、煤矿井内、林区、草原等
4		禁止用水灭火	生产、储运、使用中有不准用灭火器的物质的场所，如变压器室、乙炔站、化工药品库、各类油库等
5		禁止放置易燃物	具有明火设备或高温的作业场所，如动火区，各种焊接、切割、锻造、浇筑车间等场所

续表

编号	图形标志	名称	设置范围和地点
6		禁止堆放	消防器材存放处、消防通道及车间主通道
7		禁止启动	暂停使用的设备附近，如设备检修、更换零件等
8		禁止合闸	设备或线路检修时，相应开关附近
9		禁止转动	检修或专人定时操作的设备附近
10		禁止叉车和厂内机动车辆通行	禁止叉车和其他厂内机动车辆通行的场所
11		禁止乘人	乘人易造成伤害的设施，如室外运输吊篮、外操作载货电梯框架等
12		禁止靠近	不允许靠近的危险区域，如高压试验区、高压线、输变电设备的附近
13		禁止入内	易造成事故或对人员有伤害的场所，如高压设备室、各种污染源等入口处
14		禁止推动	易于倾倒的装置或设备，如车站屏蔽门等

续表

编号	图形标志	名称	设置范围和地点
15		禁止停留	对人员具有直接伤害的场所，如粉碎场地、危险路口、桥口等
16		禁止通行	有危险的作业区，如起重、爆破现场，道路施工工地等
17		禁止跨越	禁止跨越的危险地段，如专用的运输通道、带式输送机和其他作业流水线，作业现场的沟、坎、坑等
18		禁止攀登	不允许攀爬的危险地点，如有坍塌危险的建筑物、构筑物、设备旁
19		禁止跳下	不允许跳下的危险地点，如深沟、深池、车站站台及称装过有毒物质、易产生窒息气体的槽车、贮罐、地窖等
20		禁止伸出窗外	易于造成头手伤害的部位或场所，如公交车窗，火车车窗等
21		禁止倚靠	不能倚靠的地点或部位，如列车车门、车站屏蔽门、电梯轿门等
22		禁止坐卧	高温、腐蚀性、坍塌、坠落、翻转、易损等易于造成人员伤害的设备设施表面
23		禁止蹬踏	高温、腐蚀性、坍塌、坠落、翻转、易损等易于造成人员伤害的设备设施表面

编号	图形标志	名称	设置范围和地点
24		禁止触摸	禁止触摸的设备或物体附近，如裸露的带电体、炽热物体、具有毒性、腐蚀性物体等
25		禁止伸入	易于夹住身体部位的装置或场所，如有开口的传动机、破碎机等
26		禁止饮用	禁止饮用水的开关处，如循环水、工业用水、污染水等
27		禁止抛物	抛物易伤人的地点，如高处作业现场、深沟（坑）等
28		禁止戴手套	戴手套易造成手部伤害的作业地点，如旋转的机械加工设备附近

（二）警告标志（表9-5）

表9-5　警告标志

编号	图形标志	名称	设置范围和地点
1		注意安全	易造成人员伤害的场所及设备等
2		当心火灾	易发生火灾的危险场所，如可燃性物质的生产、储存、使用等地点
3		当心爆炸	易发生爆炸危险的场所，如易燃易爆物质的生产、储运、使用或受压容器等地点

续表

编号	图形标志	名称	设置范围和地点
4		当心腐蚀	有腐蚀性物质的作业地点
5		当心中毒	剧毒品及有毒物质的生产、储运及使用场所
6		当心触电	有可能发生触电危险的电气设备和线路，如配电室、开关等
7		当心电缆	在暴露的电缆或地面下有电缆处施工的地点
8		当心自动启动	配有自动启动装置的设备
9		当心机械伤人	易发生机械卷入、轧压、碾压、剪切等机械伤害的作业地点
10		当心塌方	有塌方危险的地段、地区，如堤坝及土方作业的深坑、深槽等
11		当心坑洞	具有坑洞易造成伤害的作业地点，如构件的预留孔洞及各种深坑的上方等
12		当心落物	易发生落物危险的地点，如高处作业、立体交叉作业的下方等
13		当心吊物	有吊装作业的场所，如施工工地、港口、码头、仓库、车间等

续表

编号	图形标志	名称	设置范围和地点
14		当心碰头	易产生碰头的场所
15		当心挤压	有产生挤压的装置、设备或场所，如自动门、电梯门、车站屏蔽门等
16		当心伤手	易造成手部伤害的作业地点，如玻璃制品、木制加工、机械加工车间等
17		当心夹手	有产生挤压的装置、设备或场所，如自动门、电梯门、列车车门等
18		当心扎脚	易造成脚部伤害的作业地点，如铸造车间、木工车间、施工工地及有尖角散料等处
19		当心弧光	由于弧光造成眼部伤害的各种焊接作业场所
20		当心叉车	有叉车通行的场所
21		当心车辆	厂内车、人混合行走的路段，道路的拐角处、平交路口；车辆出入较多的厂房、车库等出入口处
22		当心坠落	易发生坠落事故的作业地点，如脚手架、高处平台、地面的深沟（池、槽），建筑工地，高处作业场所等
23		当心障碍物	地面有障碍物，绊倒易造成伤害的地点

续表

编号	图形标志	名称	设置范围和地点
24		当心跌落	易于跌落的地点，如楼梯、台阶等
25		当心滑倒	地面有易造成伤害的滑跌地点，如地面有油、冰、水等物质及滑坡处
26		当心缝隙	有缝隙的装置、设备或场所，如自动门、电梯门、列车

（三）指令标志（表9-6）

表9-6　指令标志

编号	图形标志	名称	设置范围和地点
1		必须戴防护眼镜	对眼镜有伤害的各种作业场所和施工场所
2		必须戴避光护目镜	存在紫外、红外、激光等光辐射的场所，如电气焊等
3		必须戴防尘口罩	具有粉尘的作业场所，如纺织清花车间、粉状物料拌料车间以及矿山凿岩处等
4		必须戴防毒面具	具有对人体伤害的气体、气溶胶、烟尘等作业场所，如有毒物散发的地点或处理有毒物造成的事故现场
5		必须戴安全帽	头部易受伤害的作业场所，如矿山、建筑工地、伐木场、造船厂及其中吊装处等

续表

编号	图形标志	名称	设置范围和地点
6		必须系安全带	易发生坠落危险的作业场所，如高处建筑、修理、安装等地点
7		必须戴防护手套	易伤害手部的作业场所，如具有腐蚀、污染、灼烫、冰冻及触电危险的作业等地点
8		必须穿防护鞋	易伤害脚部的作业场所，如具有腐蚀、灼烫、触电、砸（刺）伤等危险的作业地点

（四）提示标志（表9-7）

表9-7　提示标志

编号	图形标志	名称	设置范围和地点
1		紧急出口	便于安全疏散的紧急出口处，与方向箭头结合，设在通向紧急出口的通道、楼梯口等处
2		应急避难场所	在发生突发事件时用于容纳危险区域内疏散人员的场所，如公园、广场等
3		可动火区	经有关部门划定的可使用明火的地点
4		应急电话	安装应急电话的地点

续表

编号	图形标志	名称	设置范围和地点
5		急救点	设置现场急救仪器设备及药品的地点
6		紧急医疗站	有医生的医疗救助场所

（五）施工现场危险部位设置安全警示标志一览表（表9-8）

表9-8　施工现场危险部位设置安全警示标志一览表

序号	主要危险部位	应设置的安全警示标志
1	施工现场入口	禁止堆放、注意安全、必须戴安全帽等
2	起重机械	禁止停留、当心落物等
3	临时用电设施（配电室）	禁止用水灭火、禁止堆放、当心触电等
4	临时用电设施（配电箱、开关箱）	当心触电等
5	脚手架	禁止攀登、当心落物等
6	临边	禁止抛物、当心坠落等
7	基坑边沿	禁止堆放、禁止抛物、当心坠落、当心塌方等
8	存放易燃、易爆品处	禁止烟火
9	钢筋加工区	当心机械伤人、当心吊物等
10	电、气焊作业区	禁止堆放易燃物等
11	爆破、拆除作业区	禁止通行、禁止停留、注意安全等
12	配电设施维修处	禁止合闸等
13	机械设备维修处	禁止合闸、禁止转动等
14	余料堆放处	当心伤手、当心扎脚等
15	泥泞地段、陡滑楼梯等处	当心滑倒等
16	交通要道、消防设施附近	禁止堆放等

第三节　健康体检

一、职业健康体检基本类型

职业健康体检分为预防保健性体检、社会性体检、鉴定性体检。职业健康体检是医疗卫生机构按照国家有关规定，对从事接触职业病危害作业的劳动者进行的上岗前、在岗期间、离岗时的健康检查。上岗前健康检查的目的在于掌握劳动者的健康状况，发现职业禁忌。在岗期间的健康检查目的在于及时发现劳动者的健康损害。离岗时的健康检查是为了了解劳动者离开工作岗位时的健康状况，以便分清健康损害的责任。职业健康体检基本类型主要包括以下内容，如图9-23所示。

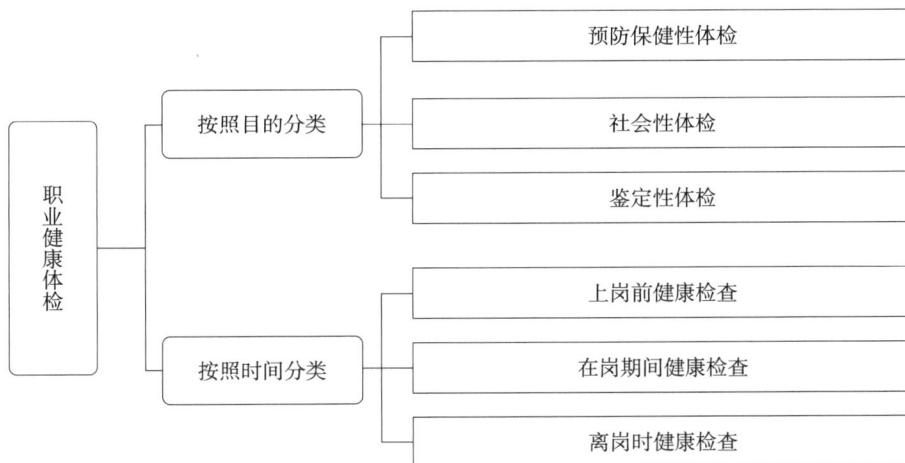

图9-23　职业健康体检基本类型

二、职业健康体检结果评价预警及反馈机制

建筑施工从业人员职业健康体检结果评价预警及反馈机制是一种针对建筑施工从业人员进行职业健康体检后的管理机制，旨在及时发现职业健康问题，预警潜在风险，提供反馈和指导，保障从业人员的身体健康和工作安全。以下是该机制的一般流程：

（一）体检结果评价

医疗专业人员对建筑施工从业人员的体检结果进行评价和分析。这包括对体检数据的解读，与正常值的比较，对存在的异常情况或职业健康风险进行评估。

（二）预警机制

针对体检结果中发现的异常情况或潜在的职业健康风险，设立预警机制。根据相关的职业健康标准和指南，设定一定的预警阈值。一旦某项指标超过或接近预警阈值，系统将自动发出预警信号或警报。

（三）反馈机制

将体检结果及时告知建筑施工从业人员，并提供相关的建议和指导。这可以是个人面对面的咨询，也可以是书面报告或电子邮件通知。针对存在职业健康问题或风险的从业人员，应提供详细的健康咨询和管理建议，包括生活方式改善、职业暴露控制、必要的治疗和康复等方面的建议。

（四）跟踪管理

建立跟踪管理机制，对存在职业健康问题或风险的建筑施工从业人员进行定期随访和监测。通过追踪体检结果的变化、监测职业暴露情况的变化等方式，及时评估采取的预防措施和治疗效果，确保从业人员的职业健康问题得到有效管理。

（五）改进措施

根据反馈和跟踪的结果，及时调整和改进建筑施工从业人员职业健康体检机制和管理措施。这包括优化体检项目和流程、加强职业健康宣教、改进预警标准和反馈方式等，以提高体检结果的准确性和有效性，保障建筑施工从业人员的职业健康和工作安全。

通过建立职业健康体检结果评价预警及反馈机制，可以及时发现和预防职业健康问题，有效保障从业人员的身体健康和工作安全。

第四节　火灾逃生计划

一、火灾日常预防

从业人员要自觉遵守消防相关法律法规，强化消防意识，重视消防工作。在平时，要做到认识消防标志，认识什么是安全出口，哪里是疏散方向，哪些物品属于危险物品。在发生火灾时，要沉着、冷静，不要慌乱，用湿毛巾捂住嘴鼻保护自己免受伤害，按照正确的逃生方法，尽快避险逃生或等待救援。为了最大限度减少损失，从业人员应加强对火灾的日常预防，具体注意事项包括：

（1）不玩弄电气设备，也不要在同一个插座上使用多台电器。

（2）主动远离老化电路，并提醒家人定期更换。

（3）离开家或睡觉前，务必告知家人，检查一下电器是否断电，燃气阀门是否关闭，明火是否熄灭。

（4）勿把易燃易爆物品放在有火源的地方，并告诫家人保持警惕。

（5）请勿将报纸、杂志等可燃物品放在炉灶、加热器或者暖气机等的旁边。

二、火灾逃生装备配置

火灾逃生是一项至关重要的生存技能，而正确配置逃生装备可以大大提高逃生概率。下面将介绍一些常见的火灾逃生装备、作用及其使用方法。

（一）烟雾探测器和火灾报警器

烟雾探测器是一种最常见的火灾预警设备，能够在火灾初始阶段准确地感应到火源产生的烟雾，迅速向人们发出警告，以便及时阻止火势蔓延。火灾报警器是一种警报设备，当探测到烟雾时，火灾报警器会发出声音或光信号，提醒人们立即采取逃生行动。

图9-24　烟雾探测器

火灾报警器通常与烟雾探测器一起工作，能够检测到火焰或烟雾，并在发现火灾时发出警报，如图9-24所示。

烟雾探测器和火灾报警器需要定期测试，保证它们的功能正常运行。不能随意拆卸或屏蔽，以免影响其正常工作。如果发现设备有故障或损坏，应立即更换或修理。

（二）灭火器

发生火灾时，如果缺乏适当的灭火器具，可能引发严重的后果。灭火器在紧急情况下能发挥极为重要的作用。在火灾初期，如果火势较小且安全，灭火器可以用来扑灭初期的火灾，为逃生提供宝贵的时间窗口。在日常生活中，由于人类的行为不可避免地会引发各种火灾。因此，从业人员应掌握并应用不同类型的灭火器以适应不同的火灾类型。干粉灭火器、二氧化碳灭火器、泡沫灭火器是常用的灭火工具。

1. 干粉灭火器

干粉灭火器适用于扑救各种易燃、可燃液体和易燃、可燃气体火灾及电气设备火灾。但其无法用来扑救金属燃烧火灾。并且不能倒置使用。

2. 二氧化碳灭火器

二氧化碳灭火器适用于各类易燃、可燃液体、可燃气体火灾，还可扑救仪器仪表、图书档案、工艺器和低压设备等的初起火灾。但其不能扑救金属燃烧火灾。

3. 泡沫灭火器

泡沫灭火器适用于扑救一般B类火灾，如油制品、油脂等火灾，也可适用于A类火灾。但其不能扑救水溶性可燃、易燃液体的火灾，如醇、酯、醚、酮等物质火灾；也不能扑救带电设备火灾。

4. 灭火器的使用步骤（图9-25）

（1）提：使用灭火器的时候要先将灭火器提起，保持水平垂直状态，将灭火器摇晃几次，这样可以使干粉松动，避免出现干粉堆积成块。

（2）拔：使用前要拔掉灭火器的金属环，这样才能喷出干粉，如果想要拔掉插销，那要将插销另一头的铅封拔除。

（3）握：将灭火器瞄准火源，一只手握住喷管前端，控制好喷管喷射方向，另一只手提起灭火器提把。

（4）压：压住灭火器开关，这样才能使灭火器喷出干粉灭火。

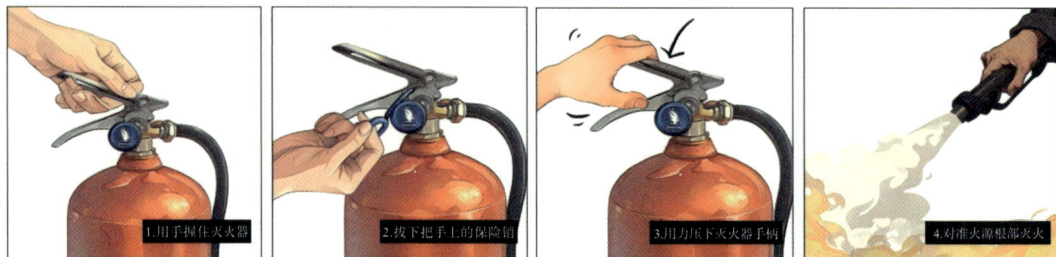

图9-25 灭火器的使用方法："提、拔、握、压"

（三）消火栓

消火栓是最常见的灭火设施之一，其作用在于提供充足的水源，以便消防人员在火灾发生时迅速灭火。通过连接消防水带，消火栓能够供应大量水流，有效扑灭火势，保护人员生命和财产安全，同时防止火灾扩散（图9-26）。

室内消火栓的使用方法（图9-27）：

（1）打开室内消火栓的柜门，按下内部火警按钮。

（2）展开消防水带。

（3）连接水枪。

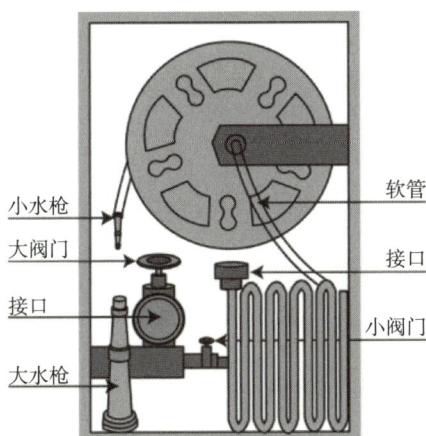

图9-26 室内消火栓的内部结构

图9-27 室内消火栓的使用方法

（4）连接水带。

（5）打开水阀门。

（6）对准火源根部灭火。

（四）逃生面罩或口罩

在火灾中，烟雾和有毒气体是最危险的因素之一。逃生面罩或口罩，能够防止吸入有害物质，保护呼吸道，提供清洁的空气。

逃生面罩的使用方法步骤：

（1）一旦发生火灾，应立即根据包装盒上的标志方向打开盒盖，拆开包装袋取出消防面罩。

（2）按照提示带绳拔掉前后两个红色的密封塞，务必确保两个红色的密封塞都被拔掉，如果只拔掉一个可能会引发窒息。

（3）将呼吸器套入头部，紧固头带，如果戴着眼镜，无须摘下眼镜，可以直接佩戴。

（4）按照消防疏散指示，应当果断且有序地逃生，并迅速离开火场。

（五）逃生绳索或梯子

逃生绳索或梯子是在火灾或其他紧急情况下至关重要的工具，为人们提供了安全的逃生通道。无论是在高楼大厦还是其他难以逃生的场所，逃生绳索或梯子都能帮助人们迅速从危险中脱身，降低被困者的风险，增加逃生成功率，为生命安全提供了关键的保障。

（六）其他

应急手电筒：在火灾导致停电时，手电筒可以帮助人们在黑暗中找到逃生路线和出口。

逃生路线图：在家庭或办公场所内部摆放逃生路线图，标明主要的逃生通道、紧急出口和集合点，以便在火灾发生时指导逃生方向。

安全锤：在火灾中，如果需要通过玻璃窗户或门逃生，安全锤可以用来破坏玻璃，确保逃生通道畅通。

紧急电话号码：在易见位置设置紧急电话号码列表，如消防队、急救中心等的电话号码。

紧急灭火计划：根据场所的特点，制定一份详尽的紧急灭火计划，并定期进行演练。通过正确配置和熟悉使用这些火灾逃生装备，可以大大提高火灾发生时的应对能力和安全性，帮助人们更好地应对突发情况，保护自己和身边的人。

三、火灾逃生应对措施

在火场内受到生命威胁时，等待消防员救援的过程中，借助周围地形和物品采取主动而有效的自救措施，能够将生存机会从"被动"转变为"主动"，为自己争取更高生存概率。这需要从业人员在平时学习、掌握和储备消防常识，以便在危急关头能够应对自如，安全逃离险境。

（一）火灾逃生应对

1. 遇险速离，切勿观望

火灾发生时，应立即逃生，否则等待确认再逃会导致环境变得十分危险且混乱，从而阻碍逃生效率（图9-28）。

2. 熟悉环境，择路而行

当人们来到一个陌生的场所，要具备安全意识，首先应熟悉疏散路线图，花十秒钟来确定自己的位置，找最近的逃生通道。如果发生危险时，以便尽快从逃生通道安全离开。

> 1. 无烟迅速逃生
> 2. 浓烟退守待援
> 3. 有烟冷静应对

图9-28 火灾逃生"三要诀"

3. 听从指挥，有序疏散

在人员密集型场所，必须遵从工作人员的引导，切勿独自行动。

4. 低姿扶墙，湿巾捂鼻

火灾时，烟雾会先在楼层的上部聚集，然后慢慢向下蔓延。因此，在逃生过程中应保持低姿行走。此外，还要用湿毛巾或者手帕、衣物等来捂住口鼻，这不仅能降温，还能过滤掉有毒的烟气，防止吸入到人体内。

5. 禁用电梯，改走楼道

大多数电梯在发生了火灾之后会断开电源，迫降到首层，开门停用。因此，遇到火灾时，应选择安全出口或者逃生通道来进行撤离。

6. 清点人员，切莫重返

在火灾发生后切勿贪恋财物，避免重新回到危险区域。逃离火场后，要先清点人数，一旦发现人员缺少，应立即通知救援人员，千万不要自己返回。

7. 缓晃轻抛，声光求援

在被困无法逃出的情况下，首先，要对周围环境进行处理，关闭从火源到被困者附近的门，以此延长烟雾到达被困人员身边的时间，并争取更多的救援时间。其次，应及时报警，并说清被困地点。如没有通信设备，应选择待在阳台或窗边，用体积大、颜色鲜艳的物品在窗口缓晃轻抛，以便救援人员能够找到被困者的位置。

（二）火灾逃生自救方法

以下介绍几种可操作性比较强的火灾逃生自救方法。

1. 绳索自救法

有绳索的，可直接将其一端拴在门、窗档或重物上沿另一端爬下。过程中，脚要成绞状夹紧绳子，双手交替往下爬，并尽量使用手套、毛巾将手保护好。

2. 匍匐前进法

鉴于火灾发生时，烟雾主要集中在上部空间，因此，在逃生过程中应尽量将身体靠近地面并匍匐或弯腰前行。

3. 毛巾捂鼻法

火灾烟气具有温度高、毒性大的特点，一旦吸入后很容易引起呼吸系统灼伤或中毒，因此，在逃生过程中可以用湿毛巾捂住口鼻，以起到降温及过滤的作用。

4. 棉被护身法

在确定逃生路线后，用浸泡过的棉被或毛毯、棉大衣盖在身上，然后以最快的速度穿过火场并冲往安全区域。

5. 毛毯隔火法

将毛毯等织物钉或夹在门上，并不断往上泼水冷却，这样可以避免外部火焰及烟气的侵入，从而抑制火势蔓延的速度，增加逃生的时间。

6. 被单拧结法

将床单、被罩或窗帘等撕成条或拧成麻花状，按绳索逃生的方式沿外墙爬下。

7. 跳楼求生法

在火场，不要轻易选择跳楼！跳楼求生是最后的办法。居住在低楼层的人们可以选择跳下来逃生，但同样要承担受伤或死亡的风险。跳楼求生前，需要选择距离地面相对较低的区域作为落地点，并将床垫、沙发垫或厚棉被等物品抛出来以作为缓冲物。

8. 管线下滑法

在建筑物的外墙或阳台上，如果有水管、电线杆和避雷针引线等垂直设施，可以借助这些设备滑向地面。但需要注意的是，每次下滑时人数不宜过多，以防止逃生途中由于管线损坏而致人坠落。

9. 攀爬避火法

利用攀爬阳台、窗口的外沿及建筑周围的脚手架和雨棚等凸出物来逃生。

10. 卫生间避难法

在无法逃脱的情况下，可以选择使用卫生间作为避难场所。用毛巾堵住门缝、把水泼到地面上来降低温度，或者躺在装满水的浴缸里进行躲藏。但是，一定不能尝试钻入床底、阁楼和大橱等区域进行躲避，因为这些地方有很多易燃物质并且容易产生烟雾。

11. 火场求救法

如果发生火灾，可以在窗口、阳台或屋顶处高声呼救、敲击金属物品或投掷软物品，白天时可以挥动鲜艳的布条传递信号，夜晚则可使用手电筒或白布条引起救援人员的注意。

12. 逆风疏散法

应依据火灾发生时的风向来决定逃跑路线，并迅速地躲到火场上风向的位置以避免火焰和烟雾的侵袭。

13. 搭"桥"逃生法

可以在阳台、窗户和屋顶的平面上，使用木板或竹竿等坚硬的物品搭建在邻近的建筑物上，这样可作为过渡点，转向更安全的区域。

（三）着火后的扑救方法

1. 家用电器着火后的扑救方法

（1）立即断电，拔下电源插头或拉下总闸，如果只是看到电打火冒烟，那么在断电之后，火就会自动熄灭。

（2）如果是导线绝缘和电器外壳等可燃材料着火时，可用湿棉被等覆盖物封闭窒息灭火。

（3）切勿使用水进行灭火，以防引起电视机的显像管炸裂伤人。

（4）在未经维修的情况下，不能启动电源使用，以防止触电或者火灾。

2. 电脑着火后解救方法

当电脑发生火灾时，即便已经关闭设备或者断开电源线，机内的元件仍然很热，可能会继续释放火花和有害气体，同时显示器及显像管也有可能引发爆炸。因此，正确的处理方法是：一旦发现电脑开始冒烟或起火，立即切断电源或关闭主控开关，接着使用湿布地毯或棉被等物品盖住电脑，这不仅可以有效阻隔火势扩散，还能避免因荧光屏破碎而产生的危险。绝对不要用水直接浇灭电脑，即使已关掉的电脑也是这样，因为温度突然降下来会使炽热的显像管爆裂，并且电脑中还存在残余电流，这种操作有可能导致触电事故的发生。另外，也不能随意掀开覆盖物查看情况，在扑救过程中，为了防止显像管爆炸造成伤害，只能从侧边或后方靠近电脑。

3．油锅起火扑救方法

当油锅起火时，首先应立即关闭燃气阀门，以切断火源。然后，可以采用以下几种方法进行灭火：

（1）迅速盖上锅盖，使火因缺氧而熄灭，但需注意不要立即移开锅盖，以免火焰再次燃起。

（2）用湿抹布覆盖油锅，确保没有空隙，以隔绝空气并降低温度。

（3）将切好的蔬菜沿锅边倒入，利用蔬菜和油温差迅速降低油温，从而灭火。

（4）使用灭火毯覆盖油锅，由于灭火毯具有阻燃性，可以迅速灭火。

（5）如果火势较大，可以使用干粉灭火器对准火焰根部喷射，同时注意不要直接冲击油面。

需要注意的是，油锅起火时，切勿向油锅中倒入水或其他食物，因为水和油不互溶，水沸腾后可能造成油滴飞溅，增大火势。

4．身上着火的正确灭火方法

当身上的衣物起火后，首要任务是立即将衣服脱下，将火扑灭；或就地翻滚，窒息火灾。但不要滚动过快，更不要跑动。若周围存在如水池和荷塘之类的水源，可迅速跳入水中，或及时就近取水将身上火浇至熄灭。但身体被烧伤时，应注意不要跳入污水中，以防感染。

思考题

1．常见的施工安全劳动防护用品包括什么？

2．施工现场的重大危险源有哪些？

3．安全标志分为几类？每类表示什么含义？

4．灭火器的正确使用方法？

5．身上着了火，正确灭火方法是什么？

第十章　建筑施工行业健康文化与应急管理要求

导学

在建筑施工行业中，健康文化与应急管理是保障从业人员工作顺利进行的关键要素。本章从探讨建筑施工企业中健康文化的构建开始，将其融入企业的日常运营中，与应急管理体系结合起来，进而保障工作顺利开展。本章主要包括施工现场应急管理及要求、职业健康文化构建、突发卫生公共事件处理以及人道救援等，为建筑施工行业管理者及相应从业人员提供知识基础。

第一节　施工现场应急管理及要求

施工现场的应急管理涉及多个环节。其中重点环节包括应急管理组织与职责划分、应急预案的制定与实施、应急物资保障以及应急处置与救援。这几个方面如果能做到行动措施正确有效，可提升施工现场应急管理和处置能力，保障从业人员的生命财产安全，减少事故损失，维护施工正常进行。

一、施工现场应急管理概述

建筑行业施工现场的应急管理是指在建筑施工过程中，为了应对可能发生的突发事件和紧急情况（如工地事故、自然灾害、火灾等），采取的一系列预防、准备、响应和恢复措施的管理活动。建筑施工行业可通过预防和应对措施，减少突发事件的负面影响。施工现场应急管理主要包括以下几个方面：

应急组织机构：在施工现场内部建立专门的应急管理组织，包括应急领导小组和应急响应队伍，确保突发事件发生时能迅速有效地做出响应。

建立应急预案：预案主要针对施工现场可能发生的事故和紧急情况，如建筑工地事故、火灾、坍塌等。预案内容通常包括风险评估、应急响应程序、人员疏散计划和应急通信机制，针对施工现场的特殊情况和风险制定具体应对措施。

进行应急演练：通过定期开展施工应急演练，提升施工现场的应急响应能力。演练内容包括火灾应急、事故伤员救援、高空坠落救援、电气事故、化学品泄漏和疏散演练等。

施工现场应急救援物资是从业人员在突发事件中的生命保障，能够在危急时刻提供必要的生命支持和保护，同时也能防止意外进一步扩大。一些常见的应急物资如表10-1所示。

表10-1 建筑施工从业人员应急救援基本配置

序号	名称	单位	备注
1	救援车辆	辆	
2	担架	副	
3	医用氧气瓶	套	
4	消火栓	个	

续表

序号	名称	单位	备注
5	消防皮带	卷	
6	干粉灭火器	个	
7	高压绝缘鞋	双	
8	绝缘服	套	
9	绝缘手套	副	
10	救援麻绳	米	

续表

序号	名称	单位	备注
11	对讲机	只	
12	强光灯	只	
13	急救箱	只	
14	消毒用品	盒	
15	绷带	米	
16	无菌敷料	份	
17	排风扇	台	
18	安全集装箱	个	

事后评估和反馈：对应急响应的效果进行评估，总结经验教训，不断完善应急预案和管理措施。通过这些措施，可以最大限度地减少紧急情况对施工现场人员健康和项目进度的影响。

二、应急管理组织与职责

在施工现场，明确应急管理组织和各责任主体职责能够减少事故发生的风险。应急管理组织架构和主体职责主要包括以下内容：

（一）建筑施工行业应急管理组织建设

建筑施工行业应急管理组织是应对施工现场各类突发事件的重要保障。在大型施工企业中，通常采用"总公司—项目"或"总公司—二级公司—项目"的管理架构。与之相匹配，应急管理机构也相应分为总公司层面的应急管理办公室与项目或二级公司层面的应急管理小组。

企业总部应急管理办公室作为一级应急管理组织机构，一般由自然灾害、公共卫生、事故灾难、综合管理、二级应急管理小组等部门构成。其中，综合管理部门设立专职人员，其他各部门从企业各个部门安排一名应急相关专职人员组成，"平时备战，战时启用"。这一机构主要负责应急管理体系建设与完善，年度计划与方案制定、修改与实施，应急演练活动、应急管理相关培训、应急救援的策划与组织，应急管理考核与完善。

在项目或二级公司层面，设置二级应急管理小组，由二级单位或项目部管理人员构成。这一小组负责事故现场的应急救援、现场维护、医疗救助、物资保障等，确保在突发事件发生时，能够迅速、有效地开展救援工作。

（二）建筑施工行业应急管理职责设置

施工部门应做到职责明确，以确保在紧急情况下能够迅速、有序、高效地开展应急救援工作。项目经理作为应急领导小组的第一负责人，担任组长，负责紧急情况处理的指挥工作。安监部长是应急救援的第一执行人，一般担任副组长，负责紧急情况处理的具体实施和组织工作。现场管理人员等则根据各自的专业领域，分别担任不同事故第二负责人，配合事故救援组织工作和事故调查工作。

安全总监、项目经理、机电经理、项目工程师和项目班子及分包单位负责人组成应急救援的主要成员，负责组织实施抢险行动方案，协调有关部门的抢险行动，并及时向指挥部报告抢险进展情况。此外，还可设置应急保卫组、后勤保障、医疗救护组、善后处理组和事故调查组等，各组分别负责事故现场的警戒、抢险器材的调集、伤员的救护、遇难者家属的安抚以及事故原因的调查和处理等工作。

通过严密的组织架构和明确的职责分工，建筑施工企业能够确保在突发事件发生时，迅速响应、有效应对，最大限度地减少人员和财产损失，保障施工工作的顺利进行。

三、应急预案的制定与实施办法

制定建筑行业施工现场应急预案与实施办法是为了确保在发生紧急情况时能够迅速、有效地应对，以减少事故损失和保护从业人员的身心健康。以下是一些关键步骤：

（一）风险评估

1. 成立风险评估小组

风险评估小组由具有工作阅历且对工程风险有足够认识的工程师和施工现场技术人员组成（表10-2）。

表10-2 风险评估小组人员配置

序号	姓名	职称	职位
1	×××	高级工程师	工程经理
2	×××	高级工程师	技术负责
3	×××	助理工程师	安全负责

2. 风险识别

突发事件类型包括自然灾害、事故灾害。自然灾害包括地震、海啸、台风、洪水、雪灾等突发性灾害天气。事故灾害包括施工现场发生的因物体打击、触电、机械伤害、起重伤害、高处坠落、中毒和窒息、火灾和爆炸、坍塌、车辆伤害及自然灾害等造成的一般（四级）及以上安全事故。风险范畴及分类如表10-3所示。

表10-3 建筑施工行业风险范畴及分类

风险范畴		细分风险种类
安全	人身	坠落、灼（烫）伤、摔绊、扭伤、坍塌、触电、交通意外、夹伤、碰撞、打击、剪切、割伤、刺伤、绞伤、中毒、窒息、咬伤、淹溺、感染、爆炸
	设备	设备烧损、设备疲乏损坏、设备性能下降、设备破损、设备报废停运
健康		听力受损、视力受损、职业中毒、肺功能障碍、接触性皮肤伤害、肩劳损、腰肌劳损、心理伤害、精神障碍等
环境		土壤污染、水污染、大气污染、生态失衡、工作环境污染等
社会责任		企业声誉形象受损

3. 风险识别的法律依据

对于风险的辨识应主要依据《中华人民共和国突发事件应对法》《建设工程安全生产管理条例》《危险化学品重大危险源辨识》等有关法规和标准进行。

（二）指导原则

以人为本，科学施救。把保证从业人员及人民群众的生命安全和身体健康作为突发事件应急处理工作的出发点和落脚点，严格按科学方法施救，严防事态扩大，严防救援人员再受伤。

超前预控，快速反应。增强防范意识，落实防范措施，做好人员、技术、物资和设备的应急储备工作。群防群控，定期开展应急演练。对各类突发事件做到早发现、快行动、严处理，减少人员伤亡及财产损失。具体流程如图10-1所示。

图10-1　突发事件应对流程示意图

（三）突发事件的报告与响应

在面对突发事故时，立即和有效的响应至关重要。应立刻通知现场施工人员，并根据事件特点对在建工程进行针对性检查，要求施工现场采取安全措施，包括停止施工活动、及时排查潜在风险如未覆盖的基坑或沟槽，并在必要时疏散人员。同时，对于事故的报告与响应，应遵循"接报即报"的原则。事故发生后，现场人员需立即向项目部负责人报告，进而迅速上报给部门和处级领导。最后，启动应急预案，应急救援小组组长将根据事故情况决定具体行动，并通知相关人员。组长、副负责人及相关人员应迅速前往事故现场，组织专业救援队伍进行救援处置，确保及时有效地应对事故，最大限度地减少损失和影响。

（四）事故的应急处理

事故单位和现场人员在迅速报告事故的同时，应积极采取科学自救措施，防止事态扩大，并保护好事故现场。因抢救伤员、防止事故扩大以及疏通交通等原因需要移动现场物件时，必须做出标记、拍照、详细记录和绘制事故现场图，并妥善保存现场重要痕迹、物证等。

（五）预案的解除

由施工现场突发事件应急救援小组组长下达"解除预案"命令。

四、应急资源保障

在建筑行业施工应急管理中需要配备包括以下几个方面的物资：

（一）CPR心肺复苏相关物资

（1）CPR心肺复苏模拟急救假人：用于心肺复苏培训使用。

（2）CPR面罩A类：用于心肺复苏。

（3）CPR面罩B类：用于心肺复苏。

（4）AED（自动体外除颤仪）：用于心肺复苏。

（二）急救包

（1）单兵/个人急救包：内含旋压止血带、急救创伤绷带、急救止血绷带、绷带剪刀、碘伏消毒液、脱脂纱布块、碘伏棉片、医用胶布、无菌敷贴、记号笔、多功能手电等。

（2）多人急救包：内含旋压止血带、急救创伤绷带、急救止血绷带、鼻咽通气管、医用胶布、急救药盒、弹性自粘绷带、卷式夹板、拖拽逃生带、胸腔穿刺针、胸部密封贴、烧伤敷料包、止血粉、眼伤包扎包、急救剪刀、碘记号笔、LED灯等。

（3）旋压式止血带：主要用于四肢动脉止血。

在有限空间中作业还要配备监测与警报设备、便携式气体检测报警仪、通风与呼吸保护设备、照明工具、通信设备。

五、应急处置与救援

在建筑施工行业，应急处置与救援工作需要一定的专业水准，要求相关从业人员不仅要掌握扎实的建筑工程基础知识，还需深入了解施工规范及操作流程，确保在紧急情况下能够迅速而准确地做出反应。此外，对于建筑物结构的稳定性评估也不可或缺，其能帮助救援人员在事故发生后，迅速判断建筑物的危险程度，为制定有效的救援方案提供科学依据。面对施工过程中可能出现的坍塌、火灾、高处坠落等特定风险，专业知识和技能的综合运用，将极大地提升应急处置的效率与成功率。

（一）自救与互救

当作业过程中出现异常情况时，作业人员应首先尝试采取积极主动的自救措施。例如，使用隔绝式紧急逃生呼吸器等救援逃生设备，提高自救成功率。在确保自身安全的基础之上，再进行对同伴的救援工作。

（二）非进入式救援

如果作业人员自救失败，首选的救援方式是非进入式救援。这种方式要求救援人员在有限空间外，利用相关设备和器材，快速地将有限空间内的受困人员移出。这种方法快捷高效，但需要受困人员佩戴全身式救援带，并通过绳索与外部挂点进行救援。

（三）进入式救援

如果非进入式救援不可行，根据实际情况可能需要采取进入式救援。这要求救援人员直接进入有限空间进行救援。

（四）紧急情况报告

一旦发生事故，作业现场负责人应及时向本单位报告事故情况，并根据事发环境、救援装备配置和现场救援能力等因素，判断是否可以采取自主救援及采取何种救援方式。

（五）判断救援条件

如果现场具备自主救援条件，根据实际情况采取非进入式或进入式救援。如果现场不具备自主救援条件，应及时拨打119和120，依靠专业救援力量开展救援工作，决不允许强行施救。

（六）受困人员处理

受困人员脱离有限空间后，应迅速被转移至安全、空气新鲜处，进行正确、有效的现场救护，以挽救人员生命，减轻伤害。

第二节 职业健康文化

建筑施工行业的职业健康文化是在施工过程中，通过一系列措施和活动，形成并维持的一种关注从业人员职业健康、预防职业病、提升健康意识、促进健康行为的综合性文化。职业健康文化的构建要坚持系统性、全面性、预防性和持续改进的原则，将职业健康理念融入各个环节。对此，可进一步明确管理层职责、制定完善规章制度和合理配置资源，确保管理体系的有效运行，从而保障从业人员的职业福祉，促进施工活动的文明化、规范化和有序化。

一、职业健康理念培育

建筑施工行业职业健康理念旨在创造安全健康的工作环境，保护和促进建筑行业从业人员的身心健康。树立职业健康理念要兼具科学性和实用性，做到以人为本、联系实际。其培育能从根本上提升从业人员的自我保护能力，减少施工活动中的隐患，确保工程顺利进行。职业健康理念的形成需要全体从业人员主动参加职业健康文化的建设，通过培训、宣传等方式增强安全意识和职业健康素养。

（一）宣传活动

各职能部门应结合实际情况，增强从业人员权益保护意识，提高从业人员的健康素养。此外，要强化宣传阵地，通过微信公众号、宣传期刊、知识读本、板报等，建立职业健康文化宣传媒介，发挥载体、阵地和窗口的作用。选树行业职业健康模范人物，发挥示范和引领作用。

（二）培训活动

在建筑施工行业中，职业健康理念的培养旨在增强从业人员的健康意识和认可度，使其理解健康作业对于个人和集体的重要性。培训活动的途径多样，如职业健康有关培训用以直接帮助从业者了解职业健康的基础知识和其在日常工作中的应用；健康文化宣传通过海报、视频和内部刊物等多种形式，提高他们对健康工作的关注；研讨会提供了互动平台，用于从业人员分享经验，学习新知，在讨论中意识到健康作业的意义。这些活动不仅传授知识，更注重思想的塑造与文化的认同，帮助从业人员树立积极的健康理念，并将其内化为工作和生活的一部分。

二、职业健康制度建设

建筑施工行业职业健康制度建设是确保施工人员身心健康、预防职业病的关键所在。完善的职业健康制度，有助于减少因职业健康问题引发的经济损失和法律纠纷，提高从业人员的工作积极性和生产效率。

（一）管理机构与职责制度

构建完善的职业健康管理机构与职责制度是保障职业健康工作的基础。设立由高层领导主导的管理委员会，规划、监督和执行健康管理工作，明确各成员的具体职责。如项目经理负责项目中的职业健康管理，技术负责人解决因工艺变化或技术应用带来的健康防护问题。同时，设立职业健康管理办公室，负责日常的实施和协调工作。这种制度确保了职业健康工作的有效运行。

（二）教育与培训制度

职业健康教育与培训是提升施工人员职业健康意识和自我保护能力的重要途径。其主要目标是让从业人员了解职业病的预防和处理方法、急救知识，以及正确操作和使用防护工具的技能。培训内容包括识别职业病的危害、学习急救步骤，并掌握防护装备的使用方法。此外，还需普及相关政策和法规，让从业人员了解自身的健康权益和相关职责。通过系统的教育和培训，确保他们具备在工作环境中维护健康的必要知识和能力。

（三）健康检查与监测制度

在建筑施工行业，构建科学有效的健康检查与检测制度是预防和早期发现职业病的重要手段。其健康评估框架的建立要结合从业人员高强度体力劳动和复杂施工环境的职业特点。首先，应确保从业者接受定期体检，包括基础项目如血压、视力、听力，以及面向高暴露风险岗位的专项检测，如粉尘、噪声、化学物质暴露等因素的影响。建立详细的健康档案有助于追踪和评估长期健康趋势。其次，工作环境的实时检测和数据收集至关重要，可利用便携或固定设备，对空气质量、温度、湿度等环境因素实施实时动态监控，减少对健康的负面影响。这些监测数据不仅用于即刻的风险防控，还通过数据分析与反馈机制优化作业流程和条件。其建设目标在于完善的多元检测和预警响应，确保风险早期识别；提升从业人员自我保护意识和健康服务能力，维护从业人员身心健康。

（四）危害因素控制与防护制度

控制职业健康危害因素，提供有效的防护措施是预防职业病和工伤事故的关键，应按照风险来源（如有害物质、电器、机械）和防护性质（预防性、应急性）设置制度。首先，应对施工场所进行全面评估，确定存在的主要危害因素及其来源。针对识别出的危害因素，制定具体的控制措施，如通风降噪、除尘消毒、个体防护等。通风降噪措施可通过设置通风设备和隔声屏障来实现，降低作业场所的噪声和有害气体浓度。除尘消毒措施可采用湿式作业、密闭尘源、局部排风等方式，减少粉尘和有害气体的暴露。个体防护方面，应为施工人员配备符合国家标准的个人防护用品，如防尘口罩、防噪耳塞、防护眼镜、防护手套等，并监督其正确佩戴和使用（图10-2）。在设备方面，需要定期进行维护和检修，确保正常运行。此外，应设置明显的警示标识和中文警示说明，提醒施工人员注意职业危害因素。通过综合采取这些措施，能够将从业人员的职业健康危害因素进行有效控制，降低职业病和工伤事故的风险。

（五）应急救援与事故处理制度

建立并完善职业健康应急救援与事故处理制度，对于及时有效地应对职业健康突发事件具有重要意义。首先，应制定详细的职业健康应急救援预案，明确应急救援的组织机构、人员分工、应急响应程序和措施等内容。预案应涵盖可能发生的各种事故类型，如高处坠落、触电、窒息、火灾等。同时，应定期组织应急救援演练，增强施工人员的应急意识和应对能力。演练过程中应注重实战化、模拟真实场景，确保演练效果。此外，应建立职业健康事故报告和调查处理制度，一旦发生事故，应立即启动应急预案，迅速组织救援力量赶赴现场进行处置，防止事故扩大和减少损失。事故调

来访嘉宾安全帽　安全员安全帽　防毒口罩　防尘口罩　长管呼吸器

项目管理人员安全帽　分包管理人员安全帽　空气呼吸器

特种作业操作人员安全帽　施工人员安全帽

防尘眼镜　防冲击眼镜　绝缘手套

有色防护眼镜　耳塞　耳罩　防静电手套

防化学品手套　正面（管理人员、安全员）　管理人员（背面）　安全员（背面）　焊接服　防电弧服　高度可视警示服

焊工防护手套　作业人员　化学防护服

冷环境防护服　职业用防雨衣　半身式安全带　全身式安全带　安全绳　防坠器

图10-2　个人防护用品

查处理应遵循"四不放过"原则，即事故原因未查清不放过、责任人员未处理不放过、整改措施未落实不放过、相关人员未受到教育不放过。通过事故调查处理，总结经验教训，完善职业健康管理制度和措施，防止类似事故再次发生。同时，还应建立职业健康事故档案，记录事故发生的经过、原因、处理结果等信息，完善整改措施及预防措施，为今后的职业健康管理工作提供参考和借鉴。

三、职业健康文化活动

在建筑行业中，组织、举办和参与健康文化活动对于发展和强化职业健康文化具有重要作用和积极影响，其目的在于创建一个健康、高效的工作环境，这样的环境有利于为从业人员树立健康工作的理念。因此，健康文化活动对于促进行业发展和强化职业健康环境起到至关重要的作用。

（一）形成良好环境

在工地和办公室设置健身区域，鼓励从业者在工作间隙进行身体锻炼。提供健康的餐饮选择等。

（二）组织参与活动

鼓励从业人员参与本地或行业内相关活动，如慈善跑步、健康博览会等。施工单位也可与其他组织合作，共同组织或参与大型健康促进活动，鼓励从业人员参与并采取更健康的生活方式。

（三）实施教育培训

定期举办健康与安全教育培训，增强健康意识和生活方式的知识。可通过研讨会、在线课程或小组讨论会的形式进行。邀请健康专家举办讲座，分享如何在工作中维护身体和心理健康。

（四）心理健康服务

提供心理健康支持和资源，如心理健康热线、咨询服务或压力管理研讨会。鼓励开放对话和心理健康意识，打破关于心理健康问题的"污名"。

（五）持续改进反馈

通过问卷调查、小组讨论等方式收集从业人员对健康文化活动的反馈，以便持续改进和调整活动内容。定期评估健康文化活动的效果，确保活动达到预期的目标和效果。

第三节　突发公共卫生事件及处理

建筑行业突发公共卫生事件的应对措施侧重于施工现场的特定环境和条件，如加强施工现场卫生管理、提供个人防护装备、实施健康监测和现场消毒等，旨在保护施工人员的健康和安全，防止疾病在工地内部传播。

一、事件识别与报告

突发公共卫生事件是指突然发生，造成或可能造成社会公众健康严重损害的重大传染病疫情、群体性不明原因疾病，重大食物和职业中毒以及其他严重影响公众健康的事件。根据突发公共卫生事件的性质、危害程度、涉及范围，划分为特别重大（Ⅰ级）、重大（Ⅱ级）、较大（Ⅲ级）和一般（Ⅳ级）四级，如图10-3所示。

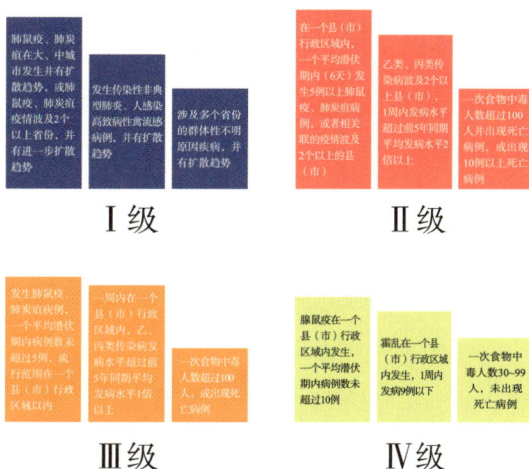

图10-3　突发公共卫生事件级别划分

发现公共卫生突发事件，责任报告人应立即向健康管理部门报告，突发事件单位应立即向当地卫生行政部门报告，同时召集专家组进行事件评估。

二、应急响应与处置

建筑施工行业应建立健全突发公共卫生事件应急准备与响应体系，包括成立应急领导小组、制定应急预案、明确各级职责等。应急领导小组负责统一领导和协调应急处置工作，应急预案应详细规定应急响应流程、措施和责任人，确保在事件发生时能够迅速、有序地应对。

在应对突发公共卫生事件时，责任部门除了要保护人员健康、防止疾病传播和维护社会秩序，还需专注于施工现场和施工人员的安全与健康，防止疾病在工地内部传播，并尽量减少对施工进度的影响。

此外，应侧重施工现场的具体需求，如配备消毒用品、个人防护装备和现场医疗急救设施，策略上更具针对性和实用性，解决施工现场的具体问题，并在保证安全的前提下维持施工进度。最后，应急响应与处置需要动员医疗、救援和信息等多方面资源，涉及政府、医疗机构和媒体等多方参与。为此，要加强沟通和协作，确保防控措施的有效实施。

三、资源保障与应急演练

在建筑行业突发公共卫生事件的处理中，企业和施工单位管理人员所采取的策略，应以保障从业人员的健康为前提条件，同时兼顾项目的有序进行。

（一）资源运用

首先，全面评估现有的人力、物资、财务和信息资源。其次，建立资源供应合作网络，与当地卫生部门和医疗机构紧密合作，确保紧急情况下快速获得支持。再次，建立协商机制，确保关键物资的及时充足供应。此外，利用信息技术建立健康监测和信息报告系统，有效追踪从业人员健康状况，确保实时通信和信息准确传递。通过这些措施，可以有效应对突发公共卫生事件，维护组织正常运作。

（二）应急演练

要基于不同公共卫生事件情景，制定详细的应急预案，包括事件报告、人员疏散、医疗救治和信息沟通等环节。随后，通过定期应急演练检验预案的可行性，提升从业人员应急反应能力。演练应涵盖虚拟模拟和现场操作，确保全员参与和充分准备。演练后进行评估与反馈，识别并解决问题，以不断调整和完善应急预案。通过这一循环过程，可以有效应对突发事件，维持组织正常运作。

（三）持续改进

定期知识培训提升从业人员公共卫生知识和个人防护意识。实施健康监测制度，确保从业人员健康。加强环境卫生管理，定期消毒，确保工作环境清洁，提供并正确使用个人防护用品。通过这些措施，提高组织公共卫生应对能力，创造健康的工作环境。

四、监测与预警系统建设

建筑施工行业应建立完善的监测与预警机制，对施工现场可能发生的突发公共卫生事件进行定期监测和评估，可设置监测小组，负责收集、整理和分析施工现场的卫生监测数据，如空气质量、水质、食品质量符合卫生标准等。一旦发现异常情况，应立即启动预警机制，提前做好应急准备。此外，还可通过数字化监测平台，收集和分析工人健康状况、施工现场环境条件等数据。系统建设应考虑建筑行业复杂的工作环境和规模，结合施工场地环境、突发卫生事件特性和风险级别，合理应对。

第四节　人道救援

人道救援通常指在自然灾害、冲突、事故等紧急情况下，为了保护人民的生命安全和尊严，提供紧急援助和支持的活动。建筑施工行业的人道救援应遵守相关法律规定，同时应明确目标、方法、资源和专业技能需求等。

一、经济补偿援助

经济补偿和援助是一个多方协作的过程，旨在确保受影响者得到适当支持和恢复。首先，确定补偿范围和金额，基于事故责任和保险条款。根据协议或法律执行补偿计划，包括医疗费用、修复费用和受害者赔偿。同时，根据事故性质和影响，启动救援计划，尽快恢复施工现场工作。

此外，事故后的防范和改进措施至关重要，包括总结经验教训，分析原因和处理过程，制定和实施改进措施，以防止类似事故再次发生。所有补偿和救援措施必须遵守当地法律和行业规定，并与受影响从业者、社区、政府等各方协调，确保处理过程透明和公正。进行这些措施时，需要公司内部、保险公司、法律顾问和政府机构的协作。通过合作，可以有效解决问题，减轻事故影响，为受影响者提供必要支持和援助。

二、心理健康咨询

为支持从业人员心理健康恢复，可采取一系列有效措施。比如建立心理援助热线，为受灾者提供及时的心理咨询和支持渠道，由专业心理咨询师或医生操作，确保受灾者能获得专业有效的心理援助。其次，组织心理健康宣讲和培训活动，提高建筑工人对心理健康的认识，并教授他们识别和应对灾后心理问题的方法，如创伤后应激障碍（PTSD）、焦虑和抑郁等。此外，派遣心理健康专业人员到现场提供面对面的心理支持和咨询服务，帮助受灾者处理创伤和建立应对策略。

此外，可建立由心理咨询师、社会工作者和医生组成的心理健康小组，负责协调和实施心理健康救援工作，提供综合的心理健康服务。开展集体心理辅导活动，通过团体互动和分享，帮助表达情绪，减轻心理压力，同时增强团队凝聚力。

最后，考虑到心理恢复可能需要较长时间，长期心理健康跟踪服务非常关键，包括定期心理健康评估、持续心理咨询支持，以及必要的专业治疗。这些措施可以有效地为从业人员提供心理健康救援，帮助他们恢复心理健康，重建生活。

三、提供法律援助

建筑施工行业从业人员在面临法律问题时，可能由于缺乏专业的法律知识和经验，致使难以有效维护自身合法权益。因此，企业和施工单位可以通过以下渠道为从业人员提供法律援助，将矛盾通过合理合法的形式予以化解。这有助于解决施工行业从业人员面临的具体法律问题，也有助于提升整个建筑行业的法治环境和从业人员的权益保护水平。

（一）建立法律援助渠道

企业和施工单位可与当地的法律援助机构建立合作关系，确保从业人员在遭遇法律问题时能够及时获得专业帮助。例如，可以设立专门的法律援助热线或咨询窗口，为从业人员提供便捷的法律咨询服务。

（二）加强法律宣传和培训

企业和施工单位可定期举办法律知识和权益保护培训，提高从业人员的法律意识和自我保护能力。培训内容包括但不限于《中华人民共和国劳动法》《工伤保险条例》等与从业人员切身利益相关的法律法规。

（三）完善内部管理制度

企业和施工单位应建立健全管理制度，规范用工行为，确保从业人员的合法权益得到保障。例如，明确劳动合同签订、工资支付、工伤认定等流程和标准，避免发生不必要的法律纠纷。

（四）支持依法维权

当从业人员面临法律纠纷时，企业应积极支持他们依法维权，为其提供必要的协助和证明。例如，协助从业人员收集证据、提供证人证言等，确保从业人员在维权过程中处于有利地位。

（五）参与法律援助公益活动

企业和施工单位应鼓励弱势群体参与法律援助公益活动并提供法律帮助。这不仅可以提升企业的社会形象，更能增强从业人员的社会责任感和归属感。

四、家属关怀

关怀建筑施工人员家属，不仅是对他们个人情感的尊重，也是企业稳定队伍、促进和谐的重要举措。通过对家属的关怀，如家访和节日慰问等，企业能够有效增强从业人员的归属感，提升他们的工作积极性和创造力。建筑施工行业从业人员家属关怀是一个综合性的概念，涵盖了多个方面的内容，旨在增强从业人员与家属之间的情感联系，提升从业人员的工作满意度和归属感，从而促进企业的稳定与发展。具体来说，家属关怀可以包括以下几个方面：

（一）情感交流支持

企业可以组织定期的家属座谈会或开放日活动，邀请家属到工地或企业参观，了解从业者的工作环境和内容，增进彼此之间的理解和情感联系。同时，通过设立亲情热线或建立家属微信群等方式，为家属提供与从业人员沟通的平台，让他们能够及时分享生活点滴，缓解因长期分离而产生的孤独感。

（二）生活关怀与帮助

针对家属可能面临的生活困难，企业可以提供必要的帮助和支持。例如，为家属提供就业咨询和推荐服务，帮助他们解决就业问题；在节假日或特殊时期，为家属送上节日礼物或慰问品，体现企业的关怀之情。此外，还可以关注家属的身心健康，提供健康检查或心理咨询等服务。

（三）教育与培训

由于建筑施工行业存在一定的职业风险，企业可以邀请从业人员家属参加教育活动或培训，让他们了解相关职业知识，增强自我保护意识。这有助于增强家属对从业者身心健康状况的关注和支持，共同营造和谐的工作环境。

（四）子女教育与成长关怀

关注从业人员子女的教育问题，提供学习辅导或教育资源推荐等服务。同时，可以组织亲子活动或夏令营等，让从业人员与子女共度美好时光，促进家庭关系的和谐。此外，还可以设立奖学金或助学金等，鼓励他们努力学习，实现个人梦想。

（五）特殊时期关怀

在从业人员及其家属遇到特殊困难或紧急情况时，企业可提供及时的关怀和帮助。例如生病住院时，提供慰问品或探视服务；遭遇意外或灾害时，提供必要的援助和支持。这种特殊时期的关怀能够让从业者感受到企业的温暖和力量，增强他们对企业的认同感和归属感。

思考题

1. 应急物资是突发事件中从业的生命保障，请列举常见的应急物资。

2. 阐述应急演练的内容、步骤及其意义。

3. 什么是人道救援？其方式有哪些？

参考文献

［1］余志红，王锐. 建筑施工安全技术与管理［M］. 北京：首都经济贸易大学出版社，2021.

［2］叶万和. 建筑施工企业管理人员相关法规知识［M］. 北京：中国建筑工业出版社.

［3］万东颖. 施工员专业基础知识［M］. 北京：中国电力出版社，2011.

［4］潘金祥. 施工员［M］. 2版. 北京：中国建筑工业出版社，2005.

［5］建筑施工企业安全生产资料大全编委会. 建筑施工企业安全生产资料大全［M］. 北京：中国建
材工业出版社，2006.

［6］建筑施工手册编委会. 建筑施工手册［M］. 4版. 北京：中国建筑工业出版社，2003.

［7］吴友军. 职业安全与卫生管理［M］. 武汉：武汉大学出版社，2019.

［8］尘兴邦，杨校毅. 建筑施工工伤预防知识［M］. 北京：中国劳动社会保障出版社，2021.

［9］埃里克森. 危险分析技术［M］. 赵廷弟，焦健，赵远，等译. 北京：国防工业出版社，2012.

［10］何纳. 生物因素危害与控制［M］. 北京：化学工业出版社，2006.

［11］董伯青，景怀琦，林玫，等. 传染病预防控制技术与实践［M］. 北京：人民卫生出版社，
2020.

［12］焦建荣. 建筑施工伤亡事故分析：六大伤害警示录［M］. 北京：化学工业出版社，2014.

［13］杨一伟. 建筑施工生产安全事故防控图解［M］. 北京：中国建筑工业出版社，2022.

［14］企业员工安全操作与事故防范丛书编委会. 建筑施工企业员工安全操作与事故防范［M］. 中
国劳动社会保障出版社，2015.

［15］常丽，施亚萍. 火灾现场医疗急救自救要点分析［J］. 防灾减灾工程学报，2024，44（3）：
755-756.

［16］李小冬，费奕凡，杨帆. 建筑业从业人员职业心理健康研究综述［J］. 中国安全科学学报，
2020，30（9）：202-210.